カーボン ニュートラル

Carbon
Neutral

法務

長島・大野・常松法律事務所
カーボンニュートラル・プラクティスチーム
[編]

三上 二郎／本田 圭／
藤本 祐太郎／服部 紘実／
宮下 優一／渡邉 啓久／
宮城 栄司／下田 真依子 [著]

一般社団法人 **金融財政事情研究会**

はしがき

　地球温暖化が問題視されてから久しくなりますが、ここ数年は局地的な熱波、大規模な洪水など、地球温暖化に伴う気候変動が世界中に大きく影響を与える事象が増え、地球温暖化への対応がいよいよ待ったなしの状況となり、世界各地でカーボンニュートラル（脱炭素化）に向けての動きが急速に活発化しています。

　日本においても2020年10月の菅首相（当時）による2050年カーボンニュートラル宣言以降、カーボンニュートラルの実現に向けての取組みが急激に加速しています。この取組みに伴い、様々な法規制の整備が国内で日々進んでいるとともに、国際的な枠組みによるソフトローも大きく進展し、そのような速い動きのために、カーボンニュートラルに伴うソフトローも含めた法的枠組みを体系立てて理解することが容易でない状況になっています。

　本書は、長島・大野・常松法律事務所で日頃からカーボンニュートラルに関連する業務を行ってきたカーボンニュートラル・プラクティスチームの弁護士が協力をして、カーボンニュートラルに伴う法的枠組みを少しでも読者の皆様に理解し易く伝えることを企図して執筆したものです。執筆者らの試みが幾ばくかでも成功し、本書が読者の皆様のカーボンニュートラル法務に関する理解や関心を持つ一助になればと願っております。なお、本書中の意見にわたる部分は、各執筆者の個人的な見解であり、執筆者の所属する事務所の見解ではなく、本書の記載内容については、すべて執筆者らが責任を負うものです。

　最後に、一般社団法人金融財政事情研究会・金融法務編集部の柴田氏には、執筆者らの無理なお願いにも快く応じていただき、本書の出版に至るまで大変骨折りいただきました。ここに、心から感謝の意を表させていただきます。

2022年9月

執筆者を代表して
長島・大野・常松法律事務所
弁護士　三上　二郎

三上　二郎（みかみ　じろう）　第2章担当

エネルギー、環境、インフラプロジェクト、プロジェクトファイナンス、M&A ファイナンス、不動産ファイナンス、アセットファイナンス、その他ストラクチャードファイナンス及び J-REIT その他不動産取引全般を主に取り扱う。

1995年東京大学法学部卒業。1997年弁護士登録。2002年 New York University School of Law 卒業（LL.M.）。

1997年〜現在、長島・大野・常松法律事務所勤務。2002年〜2003年 Clifford Chance US LLP（New York）勤務。

本田　圭（ほんだ　きよし）　第2章担当

エネルギー、環境、インフラプロジェクト、プロジェクトファイナンス及び不動産ファイナンスその他不動産取引全般を主に取り扱う。

1999年慶應義塾大学法学部卒業。2001年弁護士登録。2007年 Lewis & Clark Law School 卒業（LL.M. in Environmental and Natural Resources Law）。2008年 University College London Faculty of Laws 卒業（LL.M. in International Business Law）。

2001年〜2004年牛島総合法律事務所勤務。2004年〜現在、長島・大野・常松法律事務所勤務。2011年〜2017年カーボン・オフセット認証制度認証委員。2015年〜2016年環境不動産普及促進検討委員会ワーキンググループメンバー。2017年太陽光発電事業の評価ガイド策定委員会委員。2018年〜現在、武蔵野大学大学院法学研究科客員教授（〜2021年までは客員准教授）。

藤本　祐太郎（ふじもと　ゆうたろう）　第2章・第3章担当

複数の火力・再エネ発電プロジェクトとその資金調達、電力・ガスの卸売取引、小売事業のスタートアップ・M&A・紛争処理、コーポレート PPA その他の新規ビジネス、各種のエネルギー関連ルール・新市場対応に関するアドバイス等を行う。

2007年京都大学法学部卒業。2008年弁護士登録。2014年 University of Pennsylvania Law School 卒業（LL.M.）。

2008年〜現在、長島・大野・常松法律事務所勤務。2014年〜2015年 Isuzu North America Corporation 勤務。2015年〜2017年経済産業省電力・ガス取引監視等委員会総務課勤務（法令担当）。2022年〜現在、電力広域的運営推進機関広域連系系統のマスタープラン及び系統利用ルールの在り方等に関する検討委員会委員。

服部　紘実（はっとり　ひろみ）　　　　　　　　　第6章担当

バンキング・ファイナンス取引及びM&A・企業再編を中心に、企業法務全般を取り扱う。

2005年慶應義塾大学法学部卒業。2007年東京大学法科大学院修了。2008年弁護士登録。
2014年 Columbia Law School 卒業（LL.M.）。

2008年～現在、長島・大野・常松法律事務所勤務。2011年10月～2012年9月東京大学法科
大学院非常勤講師。2014年～2015年 Ropes & Gray LLP（New York）勤務。2017年～2018
年三菱商事株式会社勤務。

宮下　優一（みやした　ゆういち）　　　　　　第5章・第6章担当

ESG・SDGs開示を含む企業情報開示や国内外の資本市場におけるキャピタル・マーケッ
ト案件に関する助言を幅広く行う。また、金融規制法、M&A、コーポレートガバナンス
その他の企業法務全般にわたりリーガルサービスを提供している。

2007年大阪大学法学部卒業。2009年京都大学法科大学院修了。2010年弁護士登録。2016年
University of California, Los Angeles, School of Law 卒業（LL.M., specializing in
Business Law – Securities Regulation Track）。

2010年～現在、長島・大野・常松法律事務所勤務。2016年 Thompson Hine LLP（New
York）勤務。2016年～2017年 SMBC日興証券株式会社資本市場本部エクイティ・キャピ
タル・マーケット部勤務。

渡邉　啓久（わたなべ　よしひさ）　　　　　　第1章・第3章担当

エネルギー、環境、インフラプロジェクト、プロジェクトファイナンス、ストラクチャー
ドファイナンス及びJ-REITその他不動産取引全般を主に取り扱う。

2007年慶應義塾大学法学部卒業。2009年慶應義塾大学法科大学院修了。2010年弁護士登録。
2016年 University of San Diego School of Law 卒業（LL.M., Magna Cum Laude）。

2010年～現在、長島・大野・常松法律事務所勤務。2016年～2017年 Slaughter and May
（London）勤務。

宮城　栄司（みやぎ　えいじ）　　　　　　　　第3章・第4章担当

不動産、インフラ及びエネルギー分野を中心に企業法務全般を取り扱う。

2007年大阪大学法学部卒業。2009年京都大学法科大学院修了。2010年弁護士登録。2018年
University of Southern California Gould School of Law 卒業（LL.M.）。

2010年～現在、長島・大野・常松法律事務所勤務。2015年～2017年国土交通省土地・建設
産業局（現：不動産・建設経済局）不動産市場整備課不動産投資市場整備室勤務。

下田　真依子（しもだ　まいこ）　　　　　　　第2章・第3章担当

2009年慶應義塾大学法学部卒業。2011年東京大学法科大学院卒業。2012年弁護士登録。
2012年～2022年長島・大野・常松法律事務所勤務。2017年～2019年経済産業省電力・ガス
取引監視等委員会事務局勤務。2020年～2022年株式会社JERAへ出向。現在、株式会社
JERA勤務。

目　次

───── 第1章 ─────

カーボンニュートラル法務と
企業活動の交錯

───── 第2章 ─────

脱炭素化のための
キーテクノロジーと法務

第3章

電気事業と カーボンニュートラル法務

第4章

不動産・インフラと カーボンニュートラル法務

第5章

企業情報開示と
カーボンニュートラル法務

―― 第 6 章 ――

ファイナンス取引と
カーボンニュートラル法務

コ ラ ム

凡　例

法令は、原則として、2022年4月1日現在の内容に基づいています。

法令等

一般則	一般高圧ガス保安規則（昭和41年通商産業省令第53号）
エコまち法	都市の低炭素化の促進に関する法律（平成24年法律第84号）
エネルギー供給構造高度化法	エネルギー供給事業者による非化石エネルギー源の利用及び化石エネルギー原料の有効な利用の促進に関する法律（平成21年法律第72号）（なお、令和4年省エネ法等改正法により、「エネルギー供給事業者によるエネルギー源の環境適合利用及び化石エネルギー原料の有効な利用の促進に関する法律」に改称予定）
エネルギー政策基本法	エネルギー政策基本法（平成14年法律第71号）
温室効果ガス算定排出量等の報告等に関する命令	温室効果ガス算定排出量等の報告等に関する命令（平成18年内閣府・総務省・法務省・外務省・財務省・文部科学省・厚生労働省・農林水産省・経済産業省・国土交通省・環境省令第2号）
温泉法	温泉法（昭和23年法律第125号）
温対法	地球温暖化対策の推進に関する法律（平成10年法律第117号）
温対法施行令	地球温暖化対策の推進に関する法律施行令（平成11年政令第143号）
外国船舶航行法	領海等における外国船舶の航行に関する法律（平成20年法律第64号）
海防法	海洋汚染等及び海上災害の防止に関する法律（昭和45年法律第136号）
海防法施行令	海洋汚染等及び海上災害の防止に関する法律施行令（昭和46年政令第201号）
化審法	化学物質の審査及び製造等の規制に関する法律（昭和48年法律第117号）
ガス事業法	ガス事業法（昭和29年法律第51号）
環境影響評価法	環境影響評価法（平成9年法律第81号）
環境影響評価法施行令	環境影響評価法施行令（平成9年政令第346号）

企業内容等の開示に関する内閣府令	企業内容等の開示に関する内閣府令（昭和48年大蔵省令第5号）
危険物規則	危険物の規制に関する規則（昭和34年総理府令第55号）
危険物告示	危険物の規制に関する技術上の基準の細目を定める告示（昭和49年自治省告示第99号）
危険物政令	危険物の規制に関する政令（昭和34年政令第306号）
気候変動適応法	気候変動適応法（平成30年法律第50号）
漁業法	漁業法（昭和24年法律第267号）
銀行法	銀行法（昭和56年法律第59号）
金融商品取引法	金融商品取引法（昭和23年法律第25号）
下水道法	下水道法（昭和33年法律第79号）
建設業法	建設業法（昭和24年法律第100号）
建築基準法	建築基準法（昭和25年法律第201号）
建築物省エネ法	建築物のエネルギー消費性能の向上に関する法律（平成27年法律第53号）
建築物省エネ法施行令	建築物のエネルギー消費性能の向上に関する法律施行令（平成28年政令第8号）
高圧ガス保安法	高圧ガス保安法（昭和26年法律第204号）
航空法	航空法（昭和27年法律第231号）
工場抵当登記規則	工場抵当登記規則（平成17年法務省令第23号）
港則法	港則法（昭和23年法律第174号）
港湾法	港湾法（昭和25年法律第218号）
港湾法施行規則	港湾法施行規則（昭和26年運輸省令第98号）
再エネ海域利用法	海洋再生可能エネルギー発電設備の整備に係る海域の利用の促進に関する法律（平成30年法律第89号）
再エネ特措法	再生可能エネルギー電気の利用の促進に関する特別措置法（平成23年法律第108号）
自然公園法	自然公園法（昭和32年法律第161号）
自然公園法施行規則	自然公園法施行規則（昭和32年厚生省令第41号）
省エネ法	エネルギーの使用の合理化等に関する法律（昭和54年法律第49号）（なお、令和4年省エネ法等改正法により、「エネルギーの使用の合理化及び非化石エネルギーへの転換等に関する法律」に改称予定）
省エネ法施行令	エネルギーの使用の合理化等に関する法律施行令（昭和54年政令第267号）

消防法	消防法（昭和23年法律第186号）
所有者不明土地法	所有者不明土地の利用の円滑化等に関する特別措置法（平成30年法律第49号）
振動規制法	振動規制法（昭和51年法律第64号）
石災法	石油コンビナート等災害防止法（昭和50年法律第84号）
船員法	船員法（昭和22年法律第100号）
船員労働安全衛生規則	船員労働安全衛生規則（昭和39年運輸省令第53号）
船舶安全法	船舶安全法（昭和8年法律第11号）
船舶法	船舶法（明治32年法律第46号）
騒音規制法	騒音規制法（昭和43年法律第98号）
大気汚染防止法	大気汚染防止法（昭和43年法律第97号）
電事法	電気事業法（昭和39年法律第170号）
電事法施行規則	電気事業法施行規則（平成7年通商産業省令第77号）
東京都火災予防条例	東京都火災予防条例（昭和37年条例第65号）
東京都環境確保条例	都民の健康と安全を確保する環境に関する条例（平成12年条例第215号）
道路運送車両法	道路運送車両法（昭和26年法律第185号）
道路法	道路法（昭和27年法律第180号）
毒劇法	毒物及び劇物取締法（昭和25年法律第303号）
都市計画法	都市計画法（昭和43年法律第100号）
入管法	出入国管理及び難民認定法（昭和26年政令第319号）
パリ協定	パリ協定（The Paris Agreement）
補助金適正化法	補助金等に係る予算の執行の適正化に関する法律（昭和30年法律第179号）
民事執行法	民事執行法（昭和54年法律第4号）
民法	民法（明治29年法律第89号）
木材利用促進法	脱炭素社会の実現に資する等のための建築物等における木材の利用の促進に関する法律（平成22年法律第36号）
領海法	領海及び接続水域に関する法律（昭和52年法律第30号）
令和4年省エネ法等改正法	安定的なエネルギー需給構造の確立を図るためのエネルギーの使用の合理化等に関する法律等の一部を改正する法律（令和4年法律第46号）
労安法	労働安全衛生法（昭和47年法律第57号）
ロンドン条約	1972年の廃棄物その他の物の投棄による海洋汚染の防止に関する条約

JOGMEC 法	独立行政法人石油天然ガス・金属鉱物資源機構法（平成14年法律第94号）（なお、令和4年省エネ法等改正法により、「独立行政法人エネルギー・金属鉱物資源機構法」に改称予定）
96年議定書	1972年の廃棄物その他の物の投棄による海洋汚染の防止に関する条約の1996年の議定書

ガイドライン・審議会等

企業内容等開示ガイドライン	金融庁企画市場局「企業内容等の開示に関する留意事項について（企業内容等開示ガイドライン）」（令和4年1月）
クリーンエネルギー戦略検討合同会合	産業構造審議会 産業技術環境分科会 グリーントランスフォーメーション推進小委員会／総合資源エネルギー調査会 基本政策分科会 2050年カーボンニュートラルを見据えた次世代エネルギー需給構造検討小委員会 合同会合
グリーン成長戦略	内閣官房・経済産業省・内閣府・金融庁・総務省・外務省・文部科学省・農林水産省・国土交通省・環境省「2050年カーボンニュートラルに伴うグリーン成長戦略」（令和3年6月18日）（なお、当初策定された「2050年カーボンニュートラルに伴うグリーン成長戦略」は、令和2年12月25日に経済産業省により公表されている。）
公募運用指針	経済産業省 資源エネルギー庁・国土交通省 港湾局「一般海域における占用公募制度の運用指針」（令和元年6月）
小売営業ガイドライン	経済産業省「電力の小売営業に関する指針」（平成28年1月制定、令和4年4月1日最終改訂）
促進区域指定ガイドライン	経済産業省 資源エネルギー庁・国土交通省 港湾局「海洋再生可能エネルギー発電設備整備促進区域指定ガイドライン」（令和元年6月策定、令和3年7月改訂）
洋上風力促進ワーキンググループ・洋上風力促進小委員会合同会議	総合資源エネルギー調査会省エネルギー・新エネルギー分科会再生可能エネルギー大量導入・次世代電力ネットワーク小委員会洋上風力促進ワーキンググループ 交通政策審議会港湾分科会環境部会洋上風力促進小委員会 合同会議

略称

広域機関	電力広域的運営推進機関
COP	国連気候変動枠組条約締約国会議
IFRS	国際会計基準
IPCC	気候変動に関する政府間パネル
JEPX	日本卸電力取引所
NEDO	国立研究開発法人新エネルギー・産業技術総合開発機構
TCFD	気候関連財務情報開示タスクフォース

第1章

カーボンニュートラル法務と企業活動の交錯

1 カーボンニュートラル法務とは何か

　人為起源の温室効果ガスの増加によって大気中の温室効果ガスの濃度が上昇し、世界全体の大気、海水および地表の温度を押し上げ、その結果、極端な自然災害の発生や自然生態系への悪影響の一因となっている可能性が極めて高いことが科学的にも明らかにされるにつれ[1]、気候変動問題に対する世界の見方は大きく変わりました。特に、温室効果ガスの主要な排出者である企業の取組みに対する関心は、年々高まりを見せています。法規制の強化はもちろんですが、気候変動対応に関連する国際的イニシアティブの創設、世界的な ESG 投資[2]の機運の高まりも寄与して、環境面における企業の取組みは、企業の評価・価値そのものを左右する要素になっています。また、2017年 6 月に公表された TCFD の最終報告書[3]が示した「リスクと機会（Risk and Opportunity)」という考え方により、気候変動対応が、単に企業にとっての社会的責任（CSR）の問題に留まるものではなく、ポジティブまたはネガティブな財務インパクトを直接または間接にもたらす問題であるとの意識が高まっています。

　ところが、今日、脱炭素化に寄与するとされる取組みは複雑化・多様化し、企業にとっては「何が本当に自社にとって必要なのか」を見極めることが難しくなってきています。玉石混淆ともいえる脱炭素化メニューの中から最適なものを選択し、脱炭素化の取組みを企業の競争力の源泉として活用するた

1　IPCC の第 6 次評価報告書第 1 作業部会報告書の政策決定者向け要約（2021年 8 月公表）4 頁では、人為的影響が大気、海域および陸域を温暖化させたことは疑う余地がないと評され、同第 2 作業部会報告書の政策決定者向け要約（2022年 2 月公表）7 頁以下においては、高い確信度をもって、人為起源の気候変動によって、自然的な気候の変化の範囲を超え自然と人間に対する広範囲にわたる悪影響とそれに関連した損失・損害を引き起こしているとされています。

2　投資判断に際して、財務情報に加え、環境（Environment）・社会（Social）・ガバナンス（Governance）に関する企業情報を考慮する投資を指します。

3　TCFD「Final Report Recommendations of the Task Force on Climate-related Financial Disclosures」

めには、法的な制度あるいは法的拘束力をもつ仕組み（ハードロー）の理解だけでなく、社会的に認知された国際的イニシアティブの策定するルール等の法的拘束力を有しないソフトローの理解も欠かせません。

　本書は、カーボンニュートラル法務を、脱炭素社会[4]の実現という目的達成のための手段となるハードローおよびソフトローに対して企業がどうアプローチしていくべきか、という問いに答える戦略的法務であると位置づけています。そして、このようなカーボンニュートラル法務は、電力部門や運輸部門等の特定の業種にだけ関連するものではなく、あらゆる企業に向けられたものでもあります。

　カーボンニュートラル法務に関連する論点の例を挙げてみましょう。まず、COP21（2015年11月～12月）で採択されたパリ協定に代表される国際的枠組み[5]やグリーン成長戦略[6]に代表される日本政府が主導する政策的枠組み（➡本章2（7頁）参照）は、世界や日本が脱炭素化に向けてどのような舵取りを行うかを知り、企業が限られたリソースを何に割り当てるかを判断するための重要なツールとなります。

　また、温対法上の温室効果ガス排出量算定・報告・公表制度や省エネ法に基づく報告制度（➡本章3（11頁）参照）は、エネルギー起源・非エネルギー起源の温室効果ガス抑制に向けた企業努力を直接に促す法規制であり、業種を問わず関係するハードローの典型です。

　ソフトローに目を向けますと、近時は、企業が事業活動において使用する

4　温対法は、脱炭素社会を、「人の活動に伴って発生する温室効果ガスの排出量と吸収作用の保全及び強化により吸収される温室効果ガスの吸収量との間の均衡が保たれた社会」と定義しています（2条の2）。

5　エネルギー分野では、国際エネルギー機関（IEA）や国際再生可能エネルギー機関（IRENA）といった国際機関の動向も重要です。また、日本が主導または参画する国際会議（アジアグリーン成長パートナーシップ閣僚会合、カーボンリサイクル産学官国際会議、水素閣僚会議、燃料アンモニア国際会議、TCFDサミット等）や、アジア・エネルギー・トランジション・イニシアティブ（AETI）・アジアCCUSネットワーク等のアジア地域に根ざした国際的枠組みの動きも注視する必要があります。

6　そのほかに、気候変動に関連する国の重要政策としては、後述するクリーンエネルギー戦略や、エネルギー政策基本法に基づくエネルギー基本計画、温対法に基づく地球温暖化対策計画および気候変動適応法に基づく気候変動適応計画等があります。

コラム ① COP・UNFCCC・IPCC

　COP とは「Conference of the Parties」の略称であり、国連気候変動枠組条約締約国会議のことです。COP は、1992年に採択された国連気候変動枠組条約（UNFCCC）における最高意思決定機関であり、すべての条約締約国が参加し、条約の実施に関するレビューや各種決定を担っています。2022年3月現在、UNFCCC の締約国・機関は、197に上っています。

　2021年11月に開催された COP26は、新型コロナウイルス感染症の影響を受けて1年遅れての開催となりましたが、それ以前は、1995年から毎年 COP が開催されてきました。京都議定書が採択された1997年の COP は「COP3」、パリ協定が採択された2015年の COP は「COP21」というように、開催回ごとに、COP には番号が割り当てられています。

　一方、IPCC は、「Intergovernmental Panel on Climate Change」の略称で、日本では「気候変動に関する政府間パネル」と呼称されます。IPCC は、国連環境計画（UNEP）および世界気象機関（WMO）により設立された機関で、人為起源による気候変動に関連して、科学・技術・社会・経済学的な見地からの評価を行っています。5〜6年ごとに、IPCC が公表する Assessment Report（評価報告書）は、科学的根拠に基づく分析が盛り込まれており、気候変動対応に関する国際的動向に大きな影響を与えます。

電力の100％を再エネで賄うこと目指す RE100（Renewable Energy 100%）、企業情報開示に関連する CDP（Carbon Disclosure Project）や SBTi（Science Based Targets initiative）に代表されるように、グローバル企業の気候変動対応に関連する評価や情報開示を行う国際的イニシアティブの影響力が強くなっています[7]。こうした企業にとっては、FIT または FIP、非化石証

7　国内に関しては、2022年2月に基本構想が発表され、同年3月末までに440社が賛同を表明した GX リーグの動向にも期待が集まります。

書等の証書の活用や、再エネ調達方法として近時脚光を浴びているコーポレートPPA（➡第2章1（18頁）参照）の利用のほか、J-クレジット等のクレジット取引、排出量取引やカーボン・プライシングの仕組み（➡第2章2（35頁）参照）を上手く利用して、自社や自社グループの温室効果ガスの実質的な排出量を減らしていくことが企業戦略上重要になってきます。加えて、クリーンエネルギーを求めるあらゆる分野の企業にとって、近い将来、水素や燃料アンモニア（➡第2章3（59頁）参照）を有効活用していくことも必要になるでしょう[8]。

　さらに、電力分野の脱炭素化は、電力事業者だけでなく、電力の供給を受ける需要家にとっても重要な問題であり、どのようにして環境負荷のない、あるいは少ない電力を安定的に調達するかが問われる時代になっています。電気事業（➡第3章1（80頁）参照）や再生可能エネルギー（➡第3章2（98頁）参照）の仕組みも、企業戦略上、十分に理解しておくべきものでしょう。また、電力と同じく、不動産・インフラ分野の脱炭素化は、どの企業にも多かれ少なかれ関係があります（➡第4章（141頁）参照）。

　そして、企業と投資家のエンゲージメントが重視される潮流も寄与して、上場会社を中心に、どのような気候変動関連開示を行うべきかが重要なテーマになっています（➡第5章（163頁）参照）。金融商品取引法をはじめとする法規や東京証券取引所（日本取引所グループ）のルールだけでなく、気候変動関連開示の国際的フレームワークであるTCFDの提言やIFRS財団が策定を進める開示基準等の国際的な動向も把握しなければならないというのが、気候変動関連開示の1つの特色です。

　最後に、企業活動を行う上で欠かせないのが資金調達の側面です。この側面においては、グリーンファイナンス、サステナビリティ・リンク・ファイナンス、トランジション・ファイナンスといったカテゴリーが重要なキーワードとなっています（➡第6章（183頁）参照）。

　カーボンニュートラル法務など縁遠いと思われていた方々も、本書を読ん

8　蓄電池やCCUS（Carbon dioxide Capture, Utilization and Storage）といった技術も、脱炭素化に向けたキーテクノロジーとなることが期待されます。

でいただくと、既に、あるいは、近い将来、カーボンニュートラル法務への対応が必要であることに気付かれるかもしれません。

コラム ② 国際的イニシアティブ

　TCFD、CDP、RE100、SBTi 等の国際的イニシアティブに対する日本企業の参加は年々増加しており、たとえば、RE100の場合、2022年３月現在、日本企業66社（世界全体で356社が参加し、日本は米国の93社に次ぐ２位）が参加しています。なお、環境省も、2018年６月に、公的機関として初めて、アンバサダーとして RE100に参加しています。

　また、そのほかにも、金融業界向けの国際的イニシアティブとして著名なものに、機関投資家により構成される Net-Zero Asset Owner Alliance、資産運用会社により構成される Net Zero Asset Managers initiative、銀行により組織される Net-Zero Banking Alliance 等があり、これらは2050年までにそれぞれ投資ポートフォリオ、運用資産、貸付運用資産の温室効果ガスの排出量をネットゼロにすることを目指しています。さらに、COP26の開催に際し、上記のような金融業界によるイニシアティブの連合体である Glasgow Financial Alliance for Net Zero（GFANZ）が正式に発足しています。

　企業にとっては、このようなイニシアティブに参画すること自体が自社の気候変動対応への積極性をステークホルダーに示す重要な機会となりますし、ESG 投資の呼び込み、リスク意識の高い顧客への訴求、低炭素化や ESG 要素を重視する消費者選好への対応、イノベーションの促進、社員の意識向上等の多様な効果を期待することもできるといえるでしょう。

2 気候変動対策を巡る国際的枠組みと国内の動向

さて、カーボンニュートラル法務を理解するに際しては、まず気候変動対策を巡る国際的枠組みと国内の動向の大枠を理解する必要があります。

（1）パリ協定

COP21で採択されたパリ協定は、今日の世界の温室効果ガス排出量削減のための根幹的な枠組みです[9]。

パリ協定では、①世界全体の平均気温の上昇を産業革命以前と比較して2℃高い水準を十分に下回る水準に抑えるという共通目標が設定されるとともに、1.5℃高い水準までに制限するための努力を継続することが明記され（2条1⒜）、締約国に対し、②今世紀後半にカーボンニュートラルを達成するための取組みを促し（4条1）、③自国が決定する貢献（NDC：Nationally Determined Contribution）を作成して国内措置を遂行すること（4条2）および5年ごとにNDCを提出・更新すること（4条9）、④NDCとは別に、長期的な温室効果ガスの低排出型の発展のための戦略を作成し、通報するよう努力すべきこと（4条19）[10]、⑤自国の取組状況を定期的に報告し、レビューを受けること（13条7および同条11）を求め、⑥世界全体としての実施状況の検討を5年ごとに行うこと（14条）などを定めています。

（2）2050年カーボンニュートラル宣言

日本は、パリ協定が採択される以前の2015年7月17日、地球温暖化対策推進本部が決定した日本の約束草案（NDC）に基づいて、国連に対して2030

9　パリ協定は、京都議定書に代わる2020年以降の温室効果ガス排出量削減等のための新たな国際的枠組みとして採択され、2016年11月に正式発効したものですが、日本を含む先進国にのみ削減目標に基づく削減義務を課していた京都議定書とは異なり、先進国・開発途上国の区別なく、気候変動対策に向けた行動をとることを義務づけています。

10　日本は2019年6月に「パリ協定に基づく成長戦略としての長期戦略」を策定し、国連に提出しています。

年度の温室効果ガスを2013年比で26％削減する目標を提出していました[11]。しかしながら、パリ協定の発効後、IPCCの「1.5℃特別報告書」の承認・公表（2018年10月）などによって、世界全体における一層の温室効果ガス削

図表1‐1：菅政権下における脱炭素化に関連する主な国内動向

時期	出来事
2020年10月	・菅首相（当時）の2050年カーボンニュートラル宣言。
同年11月	・衆参両議院で気候非常事態宣言が決議。
同年12月	・2050年カーボンニュートラルに伴うグリーン成長戦略の策定。2050年カーボンニュートラルの実現に向けて不可欠な14の分野を重点分野として指定した上で、①年限を明確化した目標、②研究開発・実証、③規制改革・標準化等の制度整備、④国際連携等を盛り込んだ実行計画を定め、予算、税、金融、規制改革・標準化、国際連携といったあらゆる政策を総動員し、「経済と環境の好循環」を作っていく産業政策を希求することが明記。
2021年1月	・NEDOの下にグリーンイノベーション基金（2兆円規模）を造成することを含む令和2年度第3次補正予算成立。
同年4月	・地球温暖化対策推進本部の決定を踏まえ、米国主催気候サミットにおいて、2050年カーボンニュートラルと整合的で野心的な目標として、2030年度に温室効果ガスを2013年度から46％削減することを目指すこと、さらに50％の高みに向け挑戦を続けることを表明。
同年6月	・改正温対法の成立。 ・2050年カーボンニュートラルに伴うグリーン成長戦略の改訂。 ・改正産業競争力強化法の成立に伴い、新たに導入された事業適応計画の認定を前提に、租税特別措置法においてカーボンニュートラル投資促進税制が導入。
同年10月	・新たな地球温暖化対策計画、パリ協定に基づく成長戦略としての長期戦略、日本のNDC（自国が決定する貢献）の策定。 ・第6次エネルギー基本計画が策定され、2030年度の日本のエネルギーミックス（野心的な見通し）における再エネ比率が、従来の22〜24％から36〜38％に引上げ。

11　これに加え、政府は、2016年5月に閣議決定された地球温暖化対策計画において、長期的目標として、2050年までに2013年度比で80％の温室効果ガスの排出量削減を目指すとしていました。

減に向けた取組みが要請されるに至りました。また、石炭火力への依存度が比較的大きい日本に対しては、エネルギーの非化石化への対応の遅れに批判が集まりました。

こうした国際情勢の中で、菅義偉首相（当時）は、2020年10月26日の所信表明演説において「我が国は、2050年までに、温室効果ガスの排出を全体としてゼロにする、すなわち2050年カーボンニュートラル、脱炭素社会の実現を目指す」ことを宣言（2050年カーボンニュートラル宣言）しました。それ以降、図表1‐1にみるとおり、菅政権の下において、脱炭素化の実現に向けた国内の取組みは急激に進展しました。

岸田内閣の下においても、脱炭素化は引き続き重要な政策課題とされています。岸田首相は、就任後最初の外遊の場として COP26 を選びましたし、2021年12月6日の所信表明演説においては、「エネルギー供給のみならず、需要側のイノベーションや設備投資など需給両面を一体的に捉えて、クリーンエネルギー戦略を作ります」と宣言しました。

コラム ③　温室効果ガスと二酸化炭素

温室効果ガス（GHG：greenhouse gas）には様々な種類のものがあり、IPCC 第6次評価報告書第Ⅰ作業部会報告書でも、40種を超える大気寿命が長く十分に混合された GHG（long-lived、well-mixed GHGs）が存在するとされています。人為活動によって増加したとされる主要な温室効果ガスとしては、温対法が定める6種類の温室効果ガス（二酸化炭素（CO_2）、メタン（CH_4）、一酸化二窒素（N_2O）、ハイドロフルオロカーボン類（HFCs）、パーフルオロカーボン類（PFCs）、六ふっ化硫黄（SF_6）および三ふっ化窒素（NF_3））が挙げられます。

世界全体をみても、人為起源の温室効果ガスのうちの多くを二酸化炭素が占めていますので、「温室効果ガスの排出量削減＝二酸化炭素の排出量削減」という文脈で論じられることが多くあります。実際、日本の温室効果ガスの排出状況をみても同様のことがいえ、国内の温室効果ガ

ス全体の排出量（2020年度）11億5,000万トン（二酸化炭素換算）のうち
CO_2総排出量は10億4,400万トン（約90.8%）に上ります。

　日本の産業分野別の二酸化炭素排出量（2020年度）の割合を示したの
が図表1‒2です。2050年カーボンニュートラルを達成するためには、
二酸化炭素排出量の多くを占めるエネルギー転換部門、産業部門および
運輸部の脱炭素化を進めていくことはもちろんですが、民生部門を含め
たあらゆる分野での脱炭素化に向けた取組みの実践が必要となることが
分かります。

図表1‒2：二酸化炭素の排出量（2020年度）

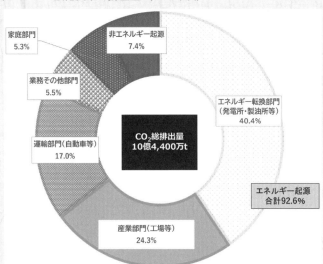

出典：環境省「2020年度（令和2年度）の温室効果ガス排出量（確報値）について」
（https://www.env.go.jp/content/900518858.pdf）　5頁をもとに筆者ら作成

　もっとも、温室効果ガスの強さを示す地球温暖化係数（二酸化炭素を
1とした場合の各温室効果ガスが地球温暖化をもたらす程度の比）でみます
と、メタンは25、一酸化二窒素は298、六フッ化硫黄に至っては22,800
とされています（温対法施行令4条参照）。地球全体での温室効果ガスの
排出量削減という観点では、二酸化炭素以外の温室効果ガスの排出量削
減も同時に考えていかなければなりません。

これを受け、国のクリーンエネルギー戦略検討合同会合を中心にクリーンエネルギーを中核とする社会システム全体の大きな構造転換に向けた「クリーンエネルギー戦略」の検討が進められ、2022年5月に中間整理が公表されました。クリーンエネルギー戦略に基づく施策の今後の具体化と着実な実施に注目が集まります。

カーボンニュートラルに関する国内の法規制

企業が脱炭素化を進めて行く上では、脱炭素関連の国内法の理解も重要です。特に企業活動に関わりの深いカーボンニュートラル関連の法規制としては、温対法に基づく温室効果ガス排出量算定・報告・公表制度と省エネ法に基づく報告制度等が挙げられます。

（1）温室効果ガス排出量算定・報告・公表制度

温対法に基づく温室効果ガス排出量算定・報告・公表制度[12]は、事業活動に伴い相当程度多い温室効果ガスを排出する一定の者（特定排出者。すべての事業所のエネルギー使用量合計が原油換算で1,500kl/年以上となる事業者や省エネ法上の特定貨物輸送事業者・特定荷主等を指します[13]。）に対して、毎年度、自らの温室効果ガス排出量を算定し、事業所管大臣に報告することを義務づけています（温対法26条1項）。これにより、特定排出者は、自らの排出量を算定し、毎年7月末日（輸送事業者は6月末日）までに、直近の算定排出量算定期間に係る排出量情報を事業所管大臣へ報告する必要があります（温室効果ガス算定排出量等の報告等に関する命令4条および13条参照）。そして、事業所管大臣は報告された情報を集計して環境大臣および経済産業大臣へ通知

12　なお、温対法における枠組みとは異なるものですが、RE100、CDPやSBTiといった国際的イニシアティブが温室効果ガス排出量の算定方法として利用を推奨するGreenhouse Gas Protocol（GHGプロトコル）の策定した各種基準は、格付機関による調査項目等に取り入れられるなどしており、国際的なデファクトスタンダードになりつつあります（➡コラム⑦〈GHGプロトコルとサプライチェーン排出量（スコープ1～3）〉（39頁）参照）。

し（温対法28条）、環境大臣および経済産業大臣はこれを集計して公表することが求められています（同法29条）。

　従来、各特定排出者による温室効果ガス排出量の公表の対象は事業者単位での排出量情報に留まり、国民が事業所別の排出量情報を知るためには別途開示請求を行う必要がありましたが、2022年4月1日に完全施行された改正温対法により、事業所ごとの排出量情報に関しても公表の対象とされるに至りました[14]。また、同改正後は、電子システムによる報告を原則としており、省エネ法・温対法・フロン法電子報告システム（EEGS）が運用を開始しています。これまでは、紙媒体を中心として報告が行われていた結果、特定排出者の報告から公表まで約2年を要していましたが、電子システムの整備によって、報告から公表までの期間が1年未満となることが期待されています[15]。

図表1‑3：改正後の算定・報告・公表制度の概略

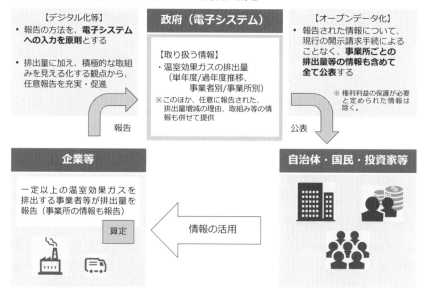

出典：環境省地球環境局「改正地球温暖化対策推進法について」（https://www.env.go.jp/press/ontaihou/116348.pdf）7頁をもとに筆者ら作成

13　詳細については、温対法施行令5条を参照。
14　ただし、温対法27条（権利利益の保護に係る請求）も参照。
15　環境省「地球温暖化対策推進法の一部を改正する法律案」（https://www.env.go.jp/press/files/jp/115718.pdf）1頁参照。

改正後の温室効果ガス排出量算定・報告・公表制度の概略を示したのが図表 1‑3 です。各企業の温室効果ガス排出量削減への取組みを知るツールとして、温対法に基づく温室効果ガス排出量算定・報告・公表制度は今後ますます重要なツールになると考えられます。

（2）省エネ法に基づく報告制度等

　企業の脱炭素経営に関連して、温対法と並んで重要な法令が省エネ法です[16]。

　省エネ法は、①各年度のエネルギー使用量が原油換算で1,500kl 以上の工場等の設置者（特定事業者。同法 7 条 1 項・2 項、省エネ法施行令 2 条）、保有する車両トラックが200台以上等の一定の基準に該当する貨物輸送事業者（特定貨物輸送事業者。同法101条 1 項、同施行令10条）、保有する乗合バスが200台以上等の一定の基準に該当する旅客輸送事業者（特定旅客輸送事業者。同法125条 1 項、同施行令14条）および年間輸送量3,000万トンキロ以上の荷主（特定荷主。同法109条 1 項、同施行令12条）等に対し、省エネの取組みを実施する際に目安となる判断基準を示すとともに、エネルギーの使用状況等の定期報告、省エネの取組みに関する中長期計画の作成・提出、工場等におけるエネルギー管理体制の構築などの規制を設けています。そして、国はこれらの事業者の取組状況を評価し、取組みが著しく不十分な場合は、立入検査や指導、合理化計画の作成指示、公表や命令を出すことができ、命令に違反した事業者に対しては罰則を適用することも可能な仕組みとなっています。

　また、省エネ法は、国に対し、②自動車や家電製品、PC 関連機器、建材など32品目に関してエネルギー消費性能等の向上に関し製造事業者の判断基準となるべき目標値を定めて公表することを求め（いわゆるトップランナー制度）、エネルギー消費性能等の向上を相当程度行う必要があると認める一定の事業者に対して勧告を出し、公表、措置命令のほか、命令に違反した事業者に対しては罰則を適用することも可能にしています。

16　なお、建築物のエネルギー消費性能等の向上のため、省エネ法とは独立して、2015年に建築物省エネ法が制定されています（➡第 4 章（141頁）参照）。

図表 1 - 4 は、現行省エネ法の概略を図式化したものです。

　ところで、省エネ法は、2022年通常国会で成立した令和 4 年省エネ法等改正法によって大きく改正され、その名称も「エネルギーの使用の合理化等に関する法律」から「エネルギーの使用の合理化及び非化石エネルギーへの転換等に関する法律」に改称されます[17]。元来、省エネ法は、石油ショックを契機として1979年に制定された法律であるというその起源により、国内における化石エネルギーの使用の合理化および効率化を主たる目的とする法令でした。そのため、同法に定義される「エネルギー」とは、化石燃料および化石燃料由来の熱・電気とされ、再エネや水素・燃料アンモニア等の非化石エネルギーは含まれず、合理化の対象ともされていませんでした。しかし、当面は海外からの調達に大きく依存するであろう水素・燃料アンモニウムなど、非化石エネルギーの使用も合理化することが脱炭素社会の実現に向けて有用と考えられます。

　また、エネルギーの供給サイド（小売電気事業者やガス小売事業者等）に対しては、エネルギー供給構造高度化法に基づいて非化石エネルギー源の利用

図表 1 - 4：現行の省エネ法の制度概略図

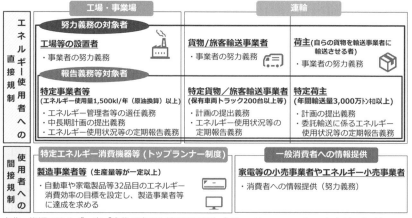

出典：資源エネルギー庁「今後の省エネ法について」（https://www.meti.go.jp/shingikai/enecho/shoene_shinene/sho_energy/pdf/036_01_00.pdf）4 頁をもとに筆者ら作成

17　令和 4 年省エネ法等改正法のうち省エネ法の改正部分は、2023年 4 月 1 日に施行される予定です。

目標が設定されていますが、需要サイドにおける積極的な非化石エネルギーへの転換を促していくためには、省エネ法において、事業者に対して、非化石エネルギーへの転換に関する計画作成や非化石エネルギーの利用状況に関する定期報告等の制度を導入することが有益と考えられます。

　こうした時代の変化を受け、令和4年省エネ法等改正法により、省エネ法は、①非化石エネルギーの使用の合理化（エネルギー消費原単位の改善等）をも求める法令となり、②特定事業者などに対して非化石エネルギーへの転換に関する中長期的な計画の作成等を求めるなど、化石エネルギーから非化石エネルギーへの転換促進を図る制度が導入されるに至りました。企業の脱炭素経営にとって、省エネ法の重要性も今後さらに増していくものと考えられます。

第2章
脱炭素化のための
キーテクノロジーと
法務

本章では、脱炭素化を実現していく上でキーテクノロジーとなる、再エネ電力、非化石証書およびコーポレート PPA、カーボン・プライシングおよびカーボン・クレジット、水素燃料アンモニアについて、法務の観点から解説します。

 # 再エネ電力の法務

（1）再エネ電力について

　日本の二酸化炭素排出量の9割以上がエネルギー起源であることから（➡コラム③〈温室効果ガスと二酸化炭素〉（9頁）参照）、カーボンニュートラルを達成する上で、エネルギーの脱炭素化は不可欠です。とりわけ、電力の脱炭素化および各種エネルギーの電化は、カーボンニュートラルにおける重要なテーマとなっています。

　電力の脱炭素化には様々な取組みがありますが、その中核となるのが再生可能エネルギーの可及的な導入です。特に近時は、再生可能エネルギーによる発電設備（再エネ発電設備）の導入の促進に加え、需要家が、再生可能エネルギーにより発電された電力（再エネ電力）の調達を求められるのが大きな特徴となっており、数多くの企業による様々な再エネ電力の利活用の取組みが各種報道を賑わせています。

　本項では、このような背景のもと、「再エネ発電設備」の導入促進に関わる制度と近時の動向とともに、「再エネ電力」を理解する上で1つの鍵となる「非化石証書」や近時案件が急速に拡大している「コーポレート PPA」について解説します[1]。

1　なお、電気事業全体に関するカーボンニュートラル法務については後記のとおりです（➡第3章1（80頁）参照）。

　電気事業においては、「需要家」、「需要場所」との用語をよく耳にします。具体的には、小売電気事業は「一般の需要に応じ電気を供給すること」と定義されており（電事法2条1項1号）、需要家に対して事業として電気を供給する場合には小売電気事業の登録が必要です。また、電事法施行規則3条2項では「一の需要場所」が定義され、自己託送の基準となるほか、託送契約や送配電網からの電線の引込みの単位となるなど、幅広く使用されています。

　「需要家」、「需要場所」は、大まかにいえば、それぞれ、電気の使用者、電気の使用場所を意味しますが、電事法の法令用語であるため、必ずしも実際の電気の使用と一致しないことや、政策的・技術的な観点から特別なルールが定められていることがあります。たとえば、小売営業ガイドライン2(3)で紹介されている「高圧一括受電」では、マンション等において、高圧一括受電業者が、自らが維持・管理する受電設備をもって送配電網から電力を一括して受電した上で、マンション各戸に電気が提供されます。マンション各戸では、それぞれの住人が独立に電気を使用し、高圧一括受電業者に電気代を支払いますが、電事法上はマンションの棟全体が「一の需要場所」、高圧一括受電業者が「需要家」となり、各戸への供給は非規制（一般の需要に応じた電気の供給ではない）と整理されています。

（2）再エネ発電設備の導入促進と電力市場への統合

ア　従来の固定価格買取（FIT）制度

　従来の再エネ発電事業の促進策はFeed-in Tariff（FIT）制度を中心とするものでした。これは、再エネ発電事業者が発電した電気を、予め定められた一定の調達価格で一定の調達期間にわたって電力会社が買い取る制度です。たとえば、2012年度にFIT認定を取得した10kW以上の太陽光発電事業は、

原則として、調達期間20年にわたって調達価格40円＋税で発電した電気を電力会社に売ることができ、市場価格の変動にかかわらず固定額の売電収入を得ることができます。

　FIT制度は、2011年の東日本大震災を受けて再エネの導入が喫緊の課題となったことから、これを強力に推進するために、①長期の固定期間および固定価格での買取、②電力会社による購入義務、③電力供給契約（PPA：Power Purchase Agreement）の定型化、④再エネ事業者がインバランスリスク（➡コラム⑪〈計画値同時同量・インバランス〉（87頁）参照）を負わない特例といった点を特徴としています。FIT制度により、日本における再エネ発電設備の導入は急速に拡大しました。

イ　Feed-in Premium（FIP）制度—再エネの電力市場への統合

　2022年4月1日に施行された改正再エネ特措法[2]では、再エネ事業者が再エネ電気を市場取引や一般の相対取引で販売することを前提に、一定の補助額を交付するFeed-in Premium（FIP）制度が導入されました。具体的には、FIT制度の調達価格と同様に一定の「基準価格」を定めた上で、市場取引等により期待される収入である「参照価格」との差を、「供給促進交付金」（プレミアム）として、一定期間にわたって再エネ発電事業者に交付する制度です。

　①もし、再エネ事業者が市場取引等で得る収入が「参照価格」と同額であれば、再エネ事業者が得られる収入の合計は「基準価格」と同額になり、FIT制度の「調達価格」と同様に収入が一定化されることになります。もっとも、「参照価格」は、市場価格に種々の補正を行って算定するため、当事者間の任意の交渉で決まる相対価格は勿論、市場価格とも必ずしも一致せず、価格変動リスク・リターンが発生します[3]。②また、FIP制度では、原則として電力会社には買取義務がない[4]ことから、売電先を自ら探索・選択する

---

[2]　改正前の再エネ特措法は「電気事業者による再生可能エネルギー電気の調達に関する特別措置法」という名称でしたが、FIP制度は電気事業者が再エネ電気を調達するわけではないこと等から、「再生可能エネルギー電気の利用の促進に関する特別措置法」に改称されました。

必要があり、オフテイカー[5]の与信リスクや市場での未約定リスクが生じます。③さらに、FIP 制度では、PPA は一般の取引と同様に案件ごとに自ら作成することが必要です[6]。④そして、FIP 制度の場合、再エネ発電事業者は計画値同時同量制度の遵守とインバランスリスクへの対応が必要になります（➡コラム⑪〈計画値同時同量・インバランス〉（87頁）参照）[7]。

図表 2‑1：FIP 制度と FIT 制度の比較

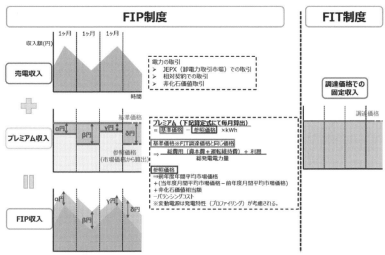

出典：資源エネルギー庁「FIP 制度の開始に向けて」（https://www.meti.go.jp/shingikai/enecho/denryoku_gas/saisei_kano/pdf/039_01_00.pdf）3 頁より抜粋

3　たとえば、参照価格は、発電された時間帯の市場価格そのものではなく、前年度年間・月間平均市場価格や当年度月間市場価格が用いられ、また太陽光・風力といった自然変動電源は加重平均が行われます。また、出力制御が生じ市場価格が0.01円/kWhとなる時間帯は、プレミアムが交付されず、その相当額が他の時間帯に割り付けられる処理が行われます。さらに、市場価格が高騰した場合でも（参照価格が基準価格を上回った場合でも）、再エネ発電事業者に差額の返金を求めない（ネガティブプレミアムはない）ものとされています。

4　例外的に、FIP 認定事業者の帰責事由なく再エネ電気の供給に支障が生じた場合には、「一時調達契約」を電力会社と締結することができます。もっとも、これは緊急避難措置であるため、利用可能な対象者が限定されているほか、価格の減額や利用可能期間の限定があります。

5　プロジェクトから生み出される生産物やサービスの購入者をいい、再エネ発電プロジェクトにおいては再エネ事業者からの電力の購入者をいいます。

6　非 FIT 案件の PPA の留意点については後述のとおりです（➡本章 1⑷オ（28頁）参照）。

これらの特徴は、再エネ以外の電源が参加する一般の電力市場では従前より存在していたものです。このため、FIP制度の導入は、再エネ電源を一般の電力市場に統合するための段階的措置と位置づけられています。

FIP制度は、2022年度の新規認定案件では、一定規模以上の再エネ電源のすべてに認められています（なお、風力以外の一定規模の再エネ電源はFIT制度からFIP制度に一本化されています。）。また、FIP制度では、FIT制度と比較して、リスクだけでなく市場価格を意識した行動を通じて収入の最大化を行うこともでき、また多様なニーズやビジネスモデルへの柔軟な活用が期待できることから、事業者が希望した場合にはFIT案件をFIP制度の適用を受ける案件に移行できるとされています。

ウ 卒FIT案件、非FIT案件の拡大

FIT制度導入以降、太陽光発電のコストは大きく低下しており、また、FIT制度の調達価格の低下にあわせ、近時はFIT制度を使用しない太陽光発電事業も見られるようになりました。また、住宅用太陽光発電の余剰電力は、2019年11月から順次FITの買取期間の満了を迎えており、「卒FIT」として電力を購入する案件が増加しています。これらの電力はいずれも、国民負担なく環境価値を提供する電力として訴求価値が高く、またFIT制度による制約なく安定した価格で調達ができる電源[8]として注目が集まっています。

7　ただし、必ず発電者が発電側の計画を直接提出してインバランスリスクを負担しなければならないわけではなく、実務上は、発電者がSPCであるケースが多いこともあり、オフテイカーである小売電気事業者等が提出するアレンジも多く見られます。

　　なお、FIP制度においては、制度の開始当初は、経過措置として、計画値同時同量に対応するための「バランシングコスト」をプレミアムに加算することとされています。FIP制度を利用する場合において、計画値同時同量の対応をオフテイカーに委ねる場合には、このバランシングコスト分のプレミアムの収受についてもあわせてオフテイカーと合意しておくのが望ましいと考えられます。

8　後述のとおり、近時では、世界的な化石燃料価格の高騰を受けて高需要期における電力の市場価格は高騰傾向にあります（➡第3章1(2)ウ（83頁）参照）。再エネ電源は、この様な化石燃料の価格高騰の直接の影響を受けないため、近時においては価格が安定するという点でも利点を有すると考えられます。

（3）非化石証書

ア 非化石証書とは

　送配電網には、各種電源から供給された電気が混在しています。送配電網に入った電気を電源ごとに物理的に分別することはできませんし、エネルギーとしての電気そのものの価値に違いは全くありませんが、今日、石炭等の化石燃料を用いて発電された電気に比べて、太陽光等の再エネ電源に代表される非化石電源によって発電された電気が環境配慮の面で付加価値を有し、市場価値が高いことは明らかです。そのような付加価値は一般に「環境価値」（➡コラム⑤〈環境価値〉（27頁）参照）と呼ばれます。このような電気の価値の違いを踏まえ、送配電網を経由した電気の販売または消費にあたり、その電気を「（実質）再エネ」、「（実質）CO$_2$ゼロエミッション電気」として評価することを可能にするツールの1つが、非化石証書です。

　非化石証書とは、送配電網に流れる非化石電源の電気が有する環境価値を、JEPX の非化石価値取引システムにて管理することにより、電気そのものが有する価値から切り離し、単独で取引の対象となる財産的な価値として観念したものをいいます。非化石証書の導入により、送配電網に流れる電気からは環境価値が切り離されることになるため、単に再エネ発電設備から電気を購入するだけでは環境価値は得られません。逆に、非化石証書を取得すれば、

図表2‐2：非化石証書取引のイメージ

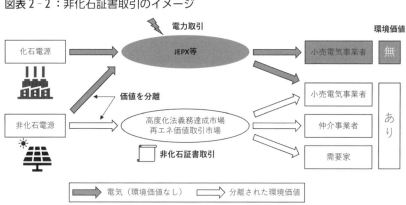

化石電源から電気を購入した場合であっても、環境価値を得ることが可能になっています。

非化石証書は、非化石証書付与の対象電源にFIT法が適用されるか否か、再エネ電源か否かで、①FIT非化石証書（再エネ指定）、②非FIT非化石証書（再エネ指定）、③非FIT非化石証書（指定なし）の3種類に分類されます。それぞれの内容は、図表2‑3のとおりです。

非化石証書（再エネ指定）は、再エネ電源という属性に基づいて環境価値を付与されたものに過ぎず、そのままでは環境価値の由来となった電源の種類（太陽光、風力等）や発電所所在地等の属性情報までは特定されません。もっとも、RE100（➡図表2‑12（39頁）参照）に対する報告は、これらの属性情報を必須としているため、「トラッキング制度」（取得された非化石証書に、由来となった電源の属性情報を付与する手続）が設けられています。トラッキングは、以前は、発電事業者の同意がある場合のみ行われていましたが、トラッキング付非化石証書へのニーズの高まりを受け、2021年11月以降、トラッキングの対象範囲がすべてのFIT電源における買取実績量へと拡大

図表2‑3：非化石証書の種類

	再エネ指定あり		再エネ指定なし
	FIT非化石証書	非FIT非化石証書	非FIT非化石証書
対象電源	FIT電源 （FIT法の適用のある再エネ電源）	非FIT再エネ電源 （FIT法の適用のない再エネ電源） ※大型水力、FIP、卒FIT等	非FIT非化石電源 ※原子力等
証書販売主体	広域機関	発電事業者	発電事業者
証書購入主体	小売電気事業者 需要家 仲介事業者	小売電気事業者	小売電気事業者
相対取引	不可	可	
取引所	再エネ価値取引市場	高度化法義務達成市場	
取引所での価格決定方式	マルチプライスオークション	シングルプライスオークション	シングルプライスオークション

しています。

　非化石証書の取引の場として創設された非化石価値取引市場は、2018年5月のFIT非化石証書の初回オークション実施後、取引対象となる種類を拡大してきましたが、購入主体は小売電気事業者に限定されていました。しかし、需要家（➡コラム④〈需要家・需要場所〉（19頁）参照）の再エネ電力の調達ニーズの高まりを受け、2021年11月からは、非化石価値取引市場が①高度化法義務達成市場と②再エネ価値取引市場に分化し、②再エネ価値取引市場においては、国内法人である需要家や一定の要件を満たした仲介事業者が、自らFIT非化石証書を調達できるようになりました。市場へ参加する需要家および仲介事業者は増加傾向にあり[9]、前記のFIT非化石証書の全量トラッキング付与も相まって、FIT非化石証書の約定量は飛躍的に増加しています。

図表2‑4：FIT非化石証書の約定量

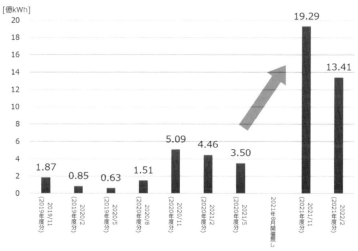

出典：第62回制度検討作業部会資料5「非化石価値取引について」（https://www.meti.go.jp/shingikai/enecho/denryoku_gas/denryoku_gas/seido_kento/pdf/062_05_00.pdf）3頁より抜粋

9　JEPXのウェブサイト（http://www.jepx.org/membership/nonfossil.html）では、2022年4月7日現在272社が非化石価値取引会員であるとされています。

他方で、①高度化法義務達成市場は、小売電気事業者が、エネルギー供給構造高度化法に基づく非化石エネルギー源の利用目標の達成のために非 FIT 非化石証書を調達できる市場と位置づけられており、引き続き小売電気事業者のみが非化石証書の購入主体となっています。しかし、非 FIT の再エネ電源を用いたコーポレート PPA（➡本章 1⑷（28頁）参照）の活用の観点から、非 FIT 非化石証書を発電事業者と需要家の間で直接取引するニーズが高まっており、非 FIT 非化石証書（再エネ指定あり）をコーポレート PPA に活用する場合に限って、発電事業者と需要家の直接取引を認めるように改正が行われました[10]。

ウ　調達した非化石証書の活用

㈠　小売電気事業者による、調達した非化石証書の価値の表示

小売電気事業者は、購入した非化石証書の種類と量に応じ、エネルギー供給構造高度化法や温対法上の報告において、非化石エネルギー源の調達比率への計上や CO_2 排出係数を低減できるほか、その販売する電気が含む環境価値を需要家に訴求すること（＝付加価値を踏まえて説明等すること）ができます。

小売電気事業者が非化石証書を使用した電力メニューを販売する場合、非化石証書の環境価値の表示および訴求方法については、小売営業ガイドラインに詳細な規制があります。図表 2 - 5 のとおり、購入した非化石証書の種類と調達する電気の種類の組み合わせによっては、「再エネ」、「CO_2 ゼロエミッション」ではなく「実質再エネ」、「実質 CO_2 ゼロエミッション」と訴求しなければならないため、注意が必要です。

㈡　需要家による、調達した非化石証書の活用

需要家が自らトラッキング付 FIT 非化石証書を調達した場合、RE100 に対する報告に利用可能なほか、温対法上の報告においても、調達した非化石証書の量に応じた CO_2 量を、送配電網を経由して他者から供給された電気に由来する CO_2 排出量から控除できることで整理が行われています（➡図表 2 -12（39頁）参照）。

10　ただし、少なくとも当面は、新設非 FIT 電源および卒 FIT 電源に対象電源が限定されています。

図表 2‑5：「再エネ」および「CO_2ゼロエミッション」表示の整理

			調達する電気の種類（電源構成）			
			化石電源	FIT 電源	非FIT 再エネ電源	非FIT 非再エネ電源
使用する非化石証書の種類	再エネ指定あり	FIT 証書	実質再エネ 実質ゼロエミ	再エネ ゼロエミ （＋FIT電気の 説明）	再エネ ゼロエミ	実質再エネ ゼロエミ （＋調達電源の 説明）
		非FIT 証書				
	指定なし	非FIT 証書	実質ゼロエミ ※再エネ価値 訴求不可	ゼロエミ （＋FIT電気の説 明） ※再エネ価値訴 求不可	ゼロエミ ※再エネ価値 訴求不可	ゼロエミ （＋調達電源の 説明） ※再エネ価値訴 求不可
	非化石証書なし		再エネ・ゼロエミ価値の訴求　不可			

コラム ⑤　環境価値

　電力分野におけるカーボンニュートラルを議論するにあたっては、電源や発電方式の環境負荷の小ささ等を意図して、電力の「環境価値」がしばしばキーワードとして言及されます。また、再生可能エネルギー電源由来の電力に係る環境価値は、特に「再エネ価値」と表記されることがあります。

　環境価値や環境負荷の小ささと言っても、その内容は様々なものがあり得るため、グリーンウォッシュ（➡コラム⑱〈グリーンウォッシュ〉（165頁）参照）といった問題があることを踏まえ、その定義に留意する必要があります。非化石証書の場合、その環境価値には、①非化石価値（エネルギー供給構造高度化法の非化石電源比率算定時に非化石電源として計上できる価値）、②ゼロエミ価値（温対法上の CO_2 排出係数が、0 kg-CO_2/kWh である価値）および③環境表示価値（小売電気事業者が需要家に対して付加価値を表示・主張できる価値）があります。ただし、再エネ価値取引市場で取引される FIT 非化石証書は、同市場創設に伴いエネルギー供給構造高度化法に基づく調達の目標値設定の対象から除外されたため、①非化石価値は含まないものと整理されています。

（4）コーポレートPPA

　コーポレートPPAとは「特定の需要家である企業が、特定の再エネ発電事業者から直接再エネ電力を調達しようとする仕組み」をいいます。

　PPAとはPower Purchase Agreement（電力供給／購入契約）の略称です。従来の電力供給モデルにおいては、再エネ発電事業者は電力会社とPPAを締結し（卸PPA）、需要家も電力会社とPPAを締結（小売PPA）することが想定され、特定の再エネ発電事業者が特定の需要家のために電力供給を行うことが想定されていませんでした。これに対して、コーポレートPPAでは、特定の再エネ発電事業者が、特定の需要家のために、（場合によっては電力会社を介さず直接に）再エネ電力を供給・調達することを企図しています。

　コーポレートPPAは、もともと、米国を中心に発展し、近時は欧州やアジアでも導入が拡大しています。もっとも、各国で電気事業の制度や状況は異なりますので、日本では日本の制度やマーケットを正しく理解した上で、適切なストラクチャーや取引条件を設定する必要があります。たとえば、後記のオフサイトコーポレートPPAを日本で実施する場合、小売電気事業者がストラクチャーに関与することが必要になります。小売電気事業者は、日本の電気事業制度上、電事法上の小売登録が必要になるほか、需給管理のリスクマネジメントにノウハウが必要となるため、スキーム構築にあたっては

図表2‐6：従来の供給モデルとコーポレートPPA

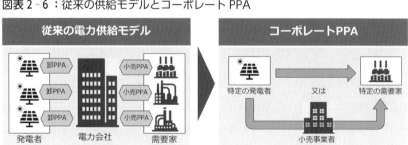

留意が必要になります。

イ 追加性（additionality）

　再エネ電力の導入の促進の取組みの議論においては、しばしば、「追加性」（additionality）が重要な条件として挙げられます。これは、企業による当該取組みが、新たな再エネ発電設備の投資を促す直接的な効果があるかという観点になります。コーポレートPPAは、需要家である企業が再エネ発電事業者の再エネ発電設備から電力供給に対して直接的に対価を支払うため、「明確な追加性を有する取組み」であると考えられており、その導入拡大が後押しされています[11]。これに対して、たとえば、FIT制度による再エネ発電設備は、FIT賦課金という国民一般の負担によって導入が支えられているため、その電力を購入する取り組みは追加性が認めづらいものと考えられます。

　追加性を有する需要家による再エネ電力の調達の取組みとしては他に、再エネ電源を需要家自身が維持運用して消費する方法（本書では「自社発電」と呼びます。）が挙げられます。自社発電は、他社からの電力の購入取引がないためコーポレートPPAではありませんが、発電等に必要な業務の外部委託によって外部業者との取引を行うことも少なくありません。

ウ 4種類の需要家による調達方法

　コーポレートPPAは、再エネ発電設備の設置にあたって一般送配電事業者の送配電網[12]を利用するか否か（換言すれば、再エネ発電設備を需要家の需要場所に設置するか否か）により、「オンサイト」と「オフサイト」の2種類があります。前者は、第三者所有モデル（Third Party Ownership Model＝TPO）と呼ばれます。後者は、電気事業制度における本則的な電力供給の仕組みで

11　「追加性」は、未だ詳細の考え方が統一されていないと指摘されており、再エネ発電設備の運転年数で判断する考え方や、電力や証書の販売収益の使途を考慮する考え方もあります。もっとも、新たに再エネ発電設備を建設するプロジェクトに対する取組みが、最も再エネ発電設備への投資を促す直接的な効果をもたらすことは明確であり、この点がコーポレートPPAが推奨される強みとなっています。

12　なお、近時では分散型エネルギーシステムの導入促進の観点から、送電方法は多様化しており、特定送配電事業者による送電（電事法27条の13以下）、特定供給（電事法27条の33）や配電事業（新電事法27条の12の2以下）による送電もあります（➡第3章1⑶ウ（93頁）参照）。

あり、本書では「小売託送」と呼びます。

　また、前記の自社発電についても、「オンサイト」と「オフサイト」の2種類があります。前者を「自家発自家消費」と呼び、後者を「自己託送」と呼びます。

　すなわち、「送配電網を利用するか否か」×「再エネ発電設備を自ら維持運用するか否か」で、2×2＝4種類に区分することができ、これを図示すると図表2‐7のとおり、ストラクチャーの例を示すと図表2‐8のとおりです。

図表2‐7：4種類の需要家による調達方法

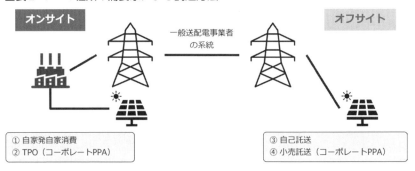

図表2‐8：4種類の調達方法のストラクチャーの例

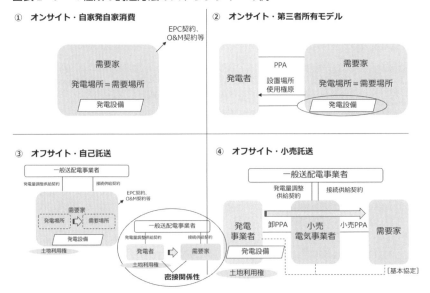

図表 2‑9 : 4種類の調達方法の比較表

4種類の調達方法の比較		規制		会計		コスト (※3)		バランシング・不足電力			需要家の契約 (※6)	立地制約
		事業規制	保安規制	設備所有 (※2)	売電売上	託送料金	FIT賦課金 (※4)	計画値同時同量	安定性	不足電力		
オンサイト	①自家発自家消費	非規制	需要家	需要家	−	なし	なし	不要	再エネ設備に影響	別の小売から購入	EPC契約＋O&M契約	あり
	② TPO	非規制	事業者	事業者	あり	なし	なし	不要	再エネ設備に影響	別の小売から購入	PPA＋場所利用契約等	あり
オフサイト	③自己託送	非規制 (※1)	需要家	需要家	−	あり	なし	必要	系統と同じ	別の小売から購入	EPC契約、O&M契約＋土地利用契約等	柔軟
	④小売託送	発電・小売規制	事業者	事業者	あり	あり	あり	必要	系統と同じ	事業者が供給可 (※5)	PPA＋基本契約	柔軟

（※1） 特定供給の許可が必要な場合があり得る
（※2） 設備リースを用いる場合にはこの限りではない
（※3） 小売託送の場合等には、2024年度以降は「容量拠出金」の負担も考慮が必要
（※4） 特に自己託送については、法改正により FIT 賦課金を課すべきではないかとの議論もある
（※5） 高圧・特別高圧については、別の小売と共同で供給する「部分供給」というスキームもある
（※6） 一例であり、他のパターンもある

　また、それぞれの方法を比較すると図表 2‑9 のとおりです。全体として、①電力の供給に係るコストや電事法の事業規制、計画値同時同量制度を中心とする送配電網利用ルール（➡コラム⑪〈計画値同時同量・インバランス〉（87頁）参照）の遵守の要否の観点からは、「オフサイト」よりも「オンサイト」に利点がある、②「オンサイト」は立地制約が強い（設置場所に限界がある）、③「自社発電」は、コスト・規制面で「コーポレート PPA」よりも利点があるが、需要家自身で設備保有や規制・ルール遵守の責任を負うことから、外部業者に業務委託するとしても、需要家が締結する契約が複雑になりがちである（とりわけ、自己託送は法定の要件の充足に加えて、計画値同時同量の業務委託も必要になる）こと[13]が留意点となります。

エ　FIP・補助金の活用、ファイナンス

　FIT 電源の非化石証書は再エネ発電事業者には帰属しないため（➡本章1⑶ア（23頁）参照）、FIT 電源はコーポレート PPA に用いることができません。そのため、近時は非 FIT 再エネ電源によるコーポレート PPA の案件が

拡大している状況です。他方で、再エネ発電設備や需要場所の条件は案件によって区々であるところ、 純粋な非FIT再エネ電源の導入には引き続き種々のハードルがあるケースがあることも事実であり、経済的な支援策が利用できる方が導入に資するのは間違いありません。

この点について、FIP制度では、非化石証書は再エネ発電事業者に帰属するとされているため、コーポレートPPAとも相性がよいと考えられます。また、コーポレートPPAに適用される環境省や経産省等が実施する各種補助金も現れています。ただし、いずれも再エネ特措法や補助金適正化法・交付規程等のルール[14]を遵守する必要があるため、ストラクチャーの構築にあたって留意が必要です。

また、 金融機関からのファイナンスが調達できることも、 コーポレートPPAの拡大に大きく資すると考えられます。もっとも、 数多くの案件の蓄積があるFIT電源へのファイナンスと異なり、コーポレートPPAでは、①需要家の与信リスクの整理が必要（オフサイトの場合にはさらに、再エネ発電事業者の直接の供給先が小売電気事業者であるため工夫が必要）[15]、②PPAが定型化されていないため、その作り込みとリスク分析が必要、③オンサイトコーポレートPPAでよく見られる「屋根置き太陽光」や「ソーラーカーポート」は設置場所（屋上など）利用権に対抗要件が具備できない等の違いがあり、案件ごとに十分な検討と整理が必要になります（➡第4章3⑵ウ（155頁）

13　自己託送を利用するための要件は、電事法2条1項5号ロに規定されています。同規定では、発電側と需要家が必ず同一人でなければならないとはされていませんが、電事法施行規則2条または3条1項に定める密接関係性が必要とされています。
　　なお、2021年11月の電事法施行規則の改正により、発電側と需要家が組合を組成する方法が、新たな密接関係性の類型として認められることになりました。もっとも、当該方法を用いる場合には、電事法施行規則やガイドライン（経済産業省「自己託送に係る指針」）に規定された事項を遵守する必要があるほか、そもそも民法等や会計税務上の組合のルールを遵守する必要があるため、案件ごとに想定するビジネスモデルに合致しているか慎重な検討が必要です。
14　たとえば、補助金適正化法22条では補助事業等により取得した財産の譲渡・担保提供制限が定められており、ファイナンス組成にあたっての制約となります。また、補助金の交付決定・交付のタイミングを踏まえてスケジューリングとリスク整理を行うことが重要になります。

参照）。

　需要家の再エネ電力のニーズの高まりを受け、コーポレート PPA は近時その案件が急拡大しており、また案件ごとに様々な方法が検討されています。また、このような動きにあわせて、法制度においても急速に数多くの改正が行われています。そして、国の掲げた脱炭素目標に鑑みると、今後もその勢いは続くものと考えられます。

　この動きに対応するためには、電気事業制度やマーケットへの基本的な理解だけでなく、複雑化する急激な制度改正に目を配った上で、的確にスキームの構築と各種契約への落とし込みが必要となり、従来の電力取引に比べて難易度は非常に高くなっているといえます。

　また、コーポレート PPA は、その契約期間は投資回収の観点から10年から20年といった長期に及ぶことも多いため、契約締結前にそのリスクについて十分な検討を行わなければ、思わぬ損害や紛争に繋がるおそれもあります[16]。他方で、現在の事業環境の中ではスピード感が重視される分野でもあり、制度に精通した専門家の助言を受けることが重要になる分野であると考えられます。

---

[15]　コーポレート PPA は、発電設備の投資回収を、長期間にわたる需要家からの電気料金によって行うことが多いため、需要家に当該長期間において安定的に債務を履行する能力があることが、投資の決定にあたって重要になります。なお、オフサイトコーポレート PPA の場合には、電事法の小売規制により、需要家に対して直接電気を供給できるのは小売電気事業者のみとなり、再エネ発電事業者は当該小売電気事業者に再エネ電力を供給することとなるため、需要家の信用力に依拠し、また介在する小売電気事業者の信用リスクに対応する（小売電気事業者がデフォルトした場合等においてスキームを立て直す）ためには、需要家との間で基本協定を締結する等の対応が必要になります。

[16]　コーポレート PPA 案件における PPA は、再エネ事業者にとってはほぼ唯一の収入の源泉となる契約であり、需要家にとっては再エネ電力の調達という主目的のための契約であることから、プロジェクトの成否を左右する中核的な契約であるといえます。もっとも、従来の再エネ事業で用いられている FIT 制度下での定型的な PPA は、電力事業の実務一般で積み上げられてきた PPA とは大きな内容の開きがあります。各 PPA では、電源種・当事者・案件の事情等により契約条件やあるべきリスク・リターンの分担は異なるところであり、供給条件・プライシング・供給開始日・期間といった基本条件だけでなく多種多様な交渉事項があり、また案件ごとに異なるスキーム全体と整合させるための作り込みが必要であることから、十分な検討が必要となる点に留意が必要です。

コラム ⑥　バーチャル PPA

　バーチャル PPA は、米国等の海外で広く用いられている仕組みですが、①再エネ発電事業者が特定の需要家に対して、環境価値を提供するが、電力そのものは提供しない、②両当事者間で、Strike Price（基準価格）という固定価格を合意の上、電力の市場価格が、基準価格を超えた場合には再エネ発電事業者から需要家に、下回った場合には需要家から再エネ発電事業者に差額を支払う仕組みを特徴とします。

　日本の制度では、①について、再エネ発電事業者から需要家にどのように非化石証書を提供するかが課題でしたが、制度改正が行われています（➡本章 I ⑶イ（25頁）参照）。他方、②については、電力の市場価格として JEPX のスポット価格を用いる場合には、電力の先物取引として商品先物取引法の規制が論点になると考えられます。

　また、日本においてバーチャル PPA を用いるメリット（必要性）とデメリット（不利益）についても整理が必要と考えられます。米国では州やエリアごとの制度の違いにより遠隔地からの送電に大きな制約があることがバーチャル PPA 拡大の大きな背景になっていますが、日本ではこれまでの数次の制度改正により遠隔送電が促進されています。バーチャル PPA によって発電側が得られる収入の安定と需要家が得られる環境価値は、通常のコーポレート PPA（フィジカル PPA）の方が容易かつ確実に実現することができ、他方で、バーチャル PPA により需要家は市場の価格変動リスクを引き受ける必要があり（需要家が締結している既存の電力需給契約は市場価格連動条件とは限りません。）、また市場取引には一定の追加コストが必要になることから、フィジカル PPA でなくバーチャル PPA を用いることにこれらのデメリットを上回るメリットがあるかを案件ごとに具体的に検討する必要があると考えられます。

（1）カーボン・プライシングとカーボン・クレジット

ア　カーボン・プライシングとは

　二酸化炭素を含む温室効果ガスが大気中に多く排出されてしまった原因の根本は、産業革命以降の長い間、温室効果ガスの排出を含む大気の利用について何ら制約が課されてこなかったことや、製品やサービスの価格について何ら温室効果ガス排出が反映されてこなかったことにあるといえます。

　カーボン・プライシングの基本コンセプトは、二酸化炭素を大気中に排出することを文字どおり「値付け」（プライシング）することで、その量を制限しようとする取組みと説明できます。これは、昔は無制限であった水などの資源の利用が制限され値付けされることになったのと同様に、大気についても、二酸化炭素の大気への放出という点において制約を課し、かつ、値付けをするものといえます。

　カーボン・プライシングの手法として最も分かりやすいものとしては炭素税が挙げられます。日本における炭素税は、「地球温暖化対策のための税」と位置づけられ、石油・天然ガス・石炭という化石燃料の利用について、従前からの石油石炭税に上乗せする形で、環境負荷に応じて広く薄く公平に税負担を求めています。具体的には、化石燃料ごとのCO_2排出原単位を用いて、それぞれの税負担がCO_2排出量1トンあたり289円に等しくなるよう、単位量（キロリットルまたはトン）あたりの税率を設定しています[17]。また、急激な負担増を避けるため、税率は3年半の間（2012年10月から2016年4月）にかけて段階的に引き上げられました。

　また、欧米で検討が進められている炭素国境調整措置も分かりやすいプライシング手法といえます。これは、二酸化炭素排出コストが低い国からの輸

17　海外では、スウェーデンやフランス等でも同様に炭素税が設けられていますが、日本に比べるとかなり高い税率となっています。

図表 2-10：炭素国境調整措置のイメージ

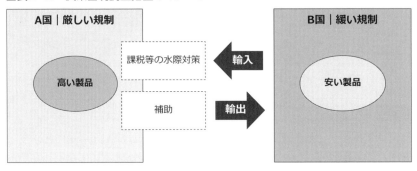

入物品（そのために流通価格も低く抑えられることになる物品）について、当該物品を輸入する事業者にその価格差を負担してもらうという制度です。具体的には、図表 2-10のように、輸入の際に課税やカーボン・クレジットの取得を義務づける等の水際対策をするとともに、流通価格の高い自国の製品を輸出する場合には一定の補助を行うような措置が考えられます。このような炭素国境調整措置は一国において完結する炭素税と異なり、輸出国や輸出国の事業者にも大きく影響する制度で、通商法上の問題も生じ得ますが、温室効果ガス排出を世界全体で抑えるためには有益な制度といえます。

イ　カーボン・クレジットとは

前記の炭素税や炭素国境調整措置以外のカーボン・プライシング手法[18]として挙げられるものが、カーボン・クレジットおよびその取引です。カーボン・クレジットとは、広い意味では、二酸化炭素の削減量に相当する価値をクレジットとして取引可能にしたものといえます[19]。二酸化炭素による地球温暖化は全世界共通の問題であるとともに、（局地的ではなく）世界全体で二

18　他に、企業が自社内の二酸化炭素排出に対して値付けを行う「インターナルカーボン・プライシング」という手法もありますが、自主的な取組みであり、各企業によって手法も様々です。

19　カーボン・クレジットについては、日本では、「カーボンニュートラルの実現に向けたカーボン・クレジットの適切な活用のための環境整備に関する検討会」が組成され、2022年 4 月13日から 1 か月間、「カーボン・クレジット・レポート（案）」がパブリックコメントに付された上で、同年 6 月28日に「カーボン・クレジット・レポート」が公表されました。

図表 2-11：カーボン・クレジットの分類

主導	種類	具体例
国連・複数国	京都クレジット	JI、CDM
	二国間クレジット	JCM
各国政府	国内排出量取引制度	EUの排出量取引制度、東京都条例に基づく排出量取引制度
	国内クレジット	J-クレジット
	非化石証書	
民間	ボランタリークレジット（VER）	Gold Standard、VCS、ACR、CAR
	グリーン電力証書／再エネ電力証書	グリーン電力証書 GO、RECs、I-REC

酸化炭素を削減することが重要であるところ、世界全体として削減を達成できるのであれば、一定の検証手続等を経た削減相当分をクレジットとして取引させることも可能であるといえます。また、そのようにクレジットの取引ができるようにすることは二酸化炭素削減のインセンティブとなるとともに、経済効果もあると考えられています。このような仕組みは市場メカニズムと呼ばれ、パリ協定6条4項においても関連する規定があり、COP26において実施指針が合意されました[20]。

　なお、カーボン・クレジットが取引の対象となるといっても、取引（譲渡）後の継続的な保有が想定されているものではありません。主として、譲受人による二酸化炭素排出削減義務の履行やカーボン・オフセット等のために用いる目的で譲渡がなされるのが特徴的なところといえます。クレジットの譲受人は、自己の排出量に相当するカーボン・クレジットを償却／無効化することによって前記目的を達成することになりますが、そのような特徴が、カーボン・クレジットの具体的な取引方法や、その法的性質の議論にも関係してきます。それらについては後記(2)以降で議論します。また、このような

20　新たな市場メカニズムは、「6.4メカニズム」と呼称されます。

カーボン・クレジットの種類は多岐にわたりますが、大きく分類すると、図表2-11のとおり、①京都議定書に基づく京都クレジットのような国際的枠組みに基づくもの、②各国政府（州政府や地方公共団体を含みます。）の定める制度に基づくもの、および、③民間機関が主導する制度に基づくものに分けられます。

　前記のうち、非化石証書およびグリーン電力証書は、それらのみ「証書」とされているように、他のクレジットとは異なる性質を有するものであるため、まず、証書とそれ以外のクレジットに分けて説明します。

㈎　非化石証書・グリーン電力証書

　非化石証書については前記のとおりですが（➡本章1⑶（23頁）参照）、広い意味ではカーボン・クレジットの一種として分類されることがあります[21]。また、国内で発行されているグリーン電力証書も同様ですし、さらには、同種のものとして海外におけるトラッキングシステム（再生可能エネルギー発電設備等のクリーンなエネルギー源との紐付けを証するシステム）を用いた電力証書も挙げられます。具体例として、EUにおけるGO（Guarantee of Origin）、米国におけるRECs（Renewable Energy Certificates）や国際的なトラッキングシステムであるI-REC（International Renewable Energy Certificate）など[22]があげられます。

　これらの証書の最も大きな特徴は、対象企業の使用電力の脱炭素化のために取引がなされるクレジット（環境価値）であるという点です。すなわち、次項にて説明する狭義のカーボン・クレジットは、対象企業および施設の温室効果ガス排出量を単位とする（t-CO$_2$）のに対して、これらの証書は再エネ等のグリーン電力量に相当するため、電力量の単位であるkWhなどが用いられます。また、脱炭素化の対象も、サプライチェーン排出量のうちス

21　経済産業省「カーボン・クレジットに係る論点」（https://www.meti.go.jp/shingikai/energy_environment/carbon_credit/pdf/001_05_00.pdf）3頁参照。

22　みずほ情報総研株式会社「平成30年度国内における温室効果ガス排出削減・吸収量認証制度の実施委託費（国内における環境価値取引市場の動向調査）報告書」（https://www.meti.go.jp/meti_lib/report/H30FY/000264.pdf）16頁以下参照。なお、カーボン・クレジット・レポートにおいてはクレジットとしては取り扱われていません。

図表 2-12：証書の比較

	CDP 質問対応	SBT	RE100
非化石証書	○	○	トラッキング付き非化石証書のみ
グリーン電力証書	○	○	○
再エネ電力由来のJ-クレジット	○	○	○

コープ2に限定されます。（狭義の）カーボン・クレジットが、企業・施設の排出量相当分としてカーボン・オフセット等のために用いられたりするのと異なり、グリーン電力証書等は、電力の脱炭素化の限度で「値付け」をするクレジットといえます。

　なお、証書は、図表2-12のとおり、CDP質問対応や、SBTおよびRE100目標達成など、国際的イニシアティブに対応するために用いることが可能です。

　この類型の一種である非化石証書の活用手法については既述のとおりで（➡本章1(3)ウ（26頁）参照）、また、主なカーボン・クレジットの類型は次項において述べるものであるため、本章では、以降、前記証書以外のクレジットを対象とします。

コラム⑦　GHG プロトコルとサプライチェーン排出量（スコープ1〜3）

　カーボンニュートラル達成のためには、温室効果ガスの排出量を適切に算定して把握できることが前提となります。この算定方法が各国または各企業で異なっていては不公平ですし、また、そもそもカーボン・クレジット取引はされるべきではないことになってしまいます。

　この問題について、米国の環境シンクタンクWRI（World Resources Institute）やWBCSD（World Business Council for Sustainable Development）が主体となって、各国の政府機関も携わって開発された排出算定に関する基準がGHGプロトコルで、現在、世界各国の政府や団体、

企業によって活用されています。

　サプライチェーン排出量とは、企業自身の活動に伴って生じる温室効果ガス排出量であるスコープ1、および、電力会社から供給を受けた電気等のエネルギーの使用に伴う温室効果ガス排出量であるスコープ2に加えて、その他のサプライチェーンにおいて発生する温室効果ガスであるスコープ3を対象として排出量を把握する手法で、GHGプロトコルにおいて基準が設定されています。

図表2-13：サプライチェーンの様相とスコープ

出典：環境省「グリーン・バリューチェーンプラットフォーム」（https://www.env.go.jp/earth/ondanka/supply_chain/gvc/supply_chain.html）より抜粋

⑷　（証書以外の）カーボン・クレジット

　前記ア以外のクレジットは、温室効果ガス削減量を示す$t-CO_2$を単位としますが、大きく以下の2類型に分けられるといえます。

① 　「キャップ・アンド・トレード型」の国内排出量取引制度に基づいて割り当てられ、当該制度における義務履行のために取引されるクレジット

② 　特定の温室効果ガス削減プロジェクトに基づいて発生し、カーボン・オフセットや、企業等の提供する商品／サービスに脱炭素の価値を付加するために取引されるクレジット

　まず、前記①については、一般に「排出権」として認識されているクレジットです。クレジットの割当手法としては、無償または有償（制度参加者が自社に必要な枠をオークション方式にて購入）のいずれもあり得ますが、本章では無償[23]を前提とします。

　このような「キャップ・アンド・トレード型」の国内排出量取引制度には

任意参加型のものと義務的参加型のものがありますが、義務的参加型のものを例にとると、参加企業には一定の期間（例：5年）において排出を許される排出量（「排出枠」や「アローワンス」とも表現されます。）が定められます。この排出量は、それまでの実績に基づいて定められ、（当然ながら）従前の排出量よりも少ない量が各期間において設定されます（＝「キャップ」設定）。その上で、各参加企業は当該期間において事業活動を行い、期間末において当初設定されていた量よりも多くの排出をしてしまった企業は、少ない排出をした企業から余剰の排出枠を買ったり（＝「トレード」）、また、制度のルールに従って罰金を納めたりする等の対応が求められることになります。他方で、当初設定より少ない排出を達成した企業は当該余剰枠を売却することができます。このような仕組みで、排出量ないし排出枠について「値付け」がなされます。

　「国内排出権／排出量取引制度」という場合、主として、このキャップ・アンド・トレード型が採用されているといえます（後記のとおり、EUや東京都環境確保条例に基づく制度もこの形式です。）。

　次に、前記②の類型は、温室効果ガス削減プロジェクトが実施されなかった場合を基準（ベースライン）とし、当該削減量がクレジットされることになるため、「ベースライン・アンド・クレジット型」とも呼ばれます。一般に、このようなクレジットは「排出権」とは呼称されず、「（削減）クレジット」と呼ばれることが多いといえます。その意味で、狭義のカーボン・クレジットともいえます。以下このようなクレジットを「削減クレジット」といいます[24]。

　これらのクレジットは、特定の省エネルギー設備の導入や植樹等の森林経営などの温室効果ガス削減のための取組みによって生じた排出削減量や吸収

23　無償割当の中でも、過去の排出を基礎として割り当てるグランドファザリング方式と、各業種における原単位を定めた上で割り当てるベンチマーク方式がありますが（大塚直「地球温暖化対策としての排出枠取引制度」法教320号91頁以下（2007））、本章ではグランドファザリング方式を前提とします。

24　前述のカーボン・クレジット・レポートでは、カーボン・クレジットを、本書における削減クレジットに限定して検討をしています。

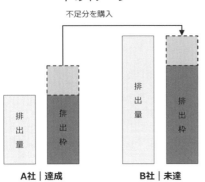

図表 2-14：キャップ・アンド・トレードのイメージ

不足分を購入

排出量	排出枠

A社｜達成

排出量	排出枠

B社｜未達

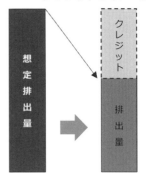

図表 2-15：ベースライン・アンド・クレジットのイメージ

想定排出量

クレジット

排出量

量をクレジットとして認証主体が認証し、そのクレジットを取引できるようにする仕組みです。

　各企業はこれらのクレジットを購入して使用することで、削減努力をしてもどうしても削減できなかった部分について相殺し（いわゆる「カーボン・オフセット」を行い）、または、自己の提供するサービスや商品を脱炭素化させて価値の付加を目指すことになります。このような取引を通じて「値付け」がなされます。また、温対法における報告のために用いることや、CDP質問対応や、SBT や RE100の達成のために用いることもできます。

　このようなクレジットは世界的にも多種多様なものが存在しますが、大きく以下の3類型に分けられます。

① 国際的な合意（例：多国間合意、二国間合意）に基づいて認められているクレジット

② 国や地方公共団体によって認められているクレジット

③ 民間の主体にて認証されるクレジット

　前記①の例としては、クリーン開発メカニズム（Clean Development Mechanism：CDM）や、日本が行っている二国間クレジット制度（Joint Crediting Mechanism：JCM）に基づくクレジットが挙げられます[25]。②としては、日本における公的な制度として、J-クレジット制度において取引されるクレジットが挙げられます（➡本章2⑵イ（48頁）参照）。

また、③の民間の認証基準として代表的な例は、WWF 等による Gold Standard、Verra による Verified Carbon Standard（VCS）に加えて、American Carbon Registry（ACR）や、Climate Action Reserve（CAR）などが挙げられ、ボランタリークレジットや VER（Voluntary Emission Reduction）と呼ばれます。2050年でのカーボンニュートラルを達成するためには、これらのボランタリークレジットの取引を活発化させる必要がある旨も提唱されており、国際的なイニシアティブである Taskforce on Scaling Voluntary Carbon Markets（TSVCM）[26]は、2030年までに、（2020年比で）ボランタリークレジットの取引量を15倍以上とすることを提唱しています[27]。

㈦　**カーボン・クレジットに関するまとめ**

　以上、カーボン・クレジットの概念をまとめると図表２-16のとおりとなります。

　また、排出権としてのカーボン・クレジットと削減クレジットの相違点は図表２-17のとおりにまとめられます。

25　今後、パリ協定６条４項および COP26において策定された実施指針に基づく、京都クレジットの後継の市場メカニズムにおいて発行されるクレジット（6.4クレジット）もこのカテゴリーとなります。

26　なお、Integrity Council for the Voluntary Carbon Market（ICVCM）に名称変更されています。

27　https://www.iif.com/Portals/1/Files/TSVCM_Summary.pdf

図表2-16：カーボン・クレジットのまとめ

クレジットの種類		具体例
カーボン・クレジット（一般的な用法）	排出権	EU ETS 東京都環境確保条例
	削減クレジット（狭義の「カーボン・クレジット」）	CDM J-クレジット ボランタリークレジット
証書		非化石証書 グリーン電力証書

図表2-17：排出権と削減クレジットの比較

	キャップ・アンド・トレード型（排出権）	ベースライン・アンド・クレジット型（削減クレジット）
クレジット発生の根拠	割当（無償又は有償）	特定プロジェクト実施
クレジットの基本的な対象範囲	組織／施設	施設
環境価値	割り当てられた排出枠からの削減分	追加削減分
利用方法	規制対応（削減義務履行のため）	オフセット等の自己活用 規制対応
未達の場合の罰則	あり	―

（2）カーボン・クレジット取引制度の具体例

ア 国内排出量取引制度（東京都環境確保条例）

　キャップ・アンド・トレード型の国内排出量取引制度として最も有名なものが、EUにおける排出権取引制度です（EU ETS（Emissions Trading System）と呼ばれます。）。EU ETSは2005年から始まり、EU加盟各国における一定の事業所を対象とした義務的な排出量取引制度です。

　他方、日本では、任意参加型での排出量取引制度の導入に関する基本構想が発表されているものの[28]、国レベルでの排出量取引制度はまだ存在せず、

東京都において、東京都環境確保条例に基づいた排出量取引制度があるのみです。

　東京都の排出量取引制度はEU ETSも参考にして立ち上げられ、同様にキャップ・アンド・トレード型の排出量取引制度ですが、その基本的な仕組みは図表2-18のとおりです。なお、削減義務量を超過した分のクレジットは「超過削減量」（東京都環境確保条例5条の11第1項2号ア）と定義されています。

　特徴的なところとしては、再生可能エネルギー設備導入や省エネ対策等によって発生するクレジットも取引することができるとされている点が挙げられますが、基本的には前記のキャップ・アンド・トレード型であり、まず一定の排出量（枠）が設定されて、当該排出量を超過するかどうか（＝前記の

図表2-18：東京都環境確保条例に基づく排出量取引のイメージ

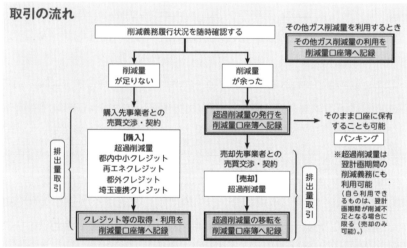

出典：東京都環境局「東京都環境確保条例　大規模事業所に対する温室効果ガス排出総量削減義務と排出量取引制度（東京都キャップ＆トレード制度）第3計画期間（2020年度から2024年度まで）」（https://www.kankyo.metro.tokyo.lg.jp/climate/large_scale/overview/movie_data.files/seidogaiyou_pamphlet_202104.pdf）より抜粋

28　経済産業省 産業技術環境局 環境経済室「GXリーグ基本構想」（https://www.meti.go.jp/policy/energy_environment/global_warming/GX-league/gx-league.html）を参照。

「超過削減量」を得ることができるか）によって、排出権である「超過削減量」を売却する側になるのか、購入する側になるのかが決まります。

㋐　対象事業所および削減義務

　東京都環境確保条例に基づく削減義務の対象となり得る不動産の形態については、レジデンス（「専ら住居の用に供するもの」）が除かれている以外には特に制限がなく（対象となる「事業所」は、「建物又は施設」とのみ定義されています。東京都環境確保条例5条の7第6号）、オフィス、商業施設等の種類を問わずに削減義務の対象となり得ます。もっとも、削減義務を負う不動産は、2007年度以降、3年度連続で原油換算年間エネルギー使用量が1,500kl以上である大規模事業所のうち、地球温暖化対策を特に推進する必要がある事業所として都知事が指定する事業所（「特定地球温暖化対策事業所」）に限られています（同条例5条の7第9号、東京都環境確保条例施行規則4条および4条の2）。そのような事業所については、現状、2020年4月から始まる第3計画期間（2020年度〜2024年度）において、事業所の種類に応じて定められる一定の削減率（同条例5条の12）に従った削減義務を負担しています（➡図表2–19参照）。

　また、このような総量削減義務を負う主体は、前記の特定地球温暖化対策事業所の「所有事業者等」です。「所有事業者等」とは、当該事業所を所有する者に加えて、当該事業所の事業活動に伴う温室効果ガスの排出について責任を有する者として東京都環境確保条例の施行規則で定める者がある場合において、都知事に対する届出がなされたときには当該届出者であるとされています（同条例5条の8第2項）。具体的には、①所有者がSPCの場合には、当該SPCから、当該事業所の事業活動に伴う特定温室効果ガスの排出に係る主要な設備等の設置または更新に係る業務を委託された者（同施行規則4条の4第1項3号）、また、②当該事業所が信託されている場合においては、当該信託受託者に対する前記事項に係る指図権限を受益者から委託された者（同条4号）等が挙げられており、流動化・証券化されている特定事業所については、原則として所有者が削減義務を負うものの、アセットマネジメント会社（AM会社）が削減義務を負担することが予定されています。

図表2-19：東京都環境確保条例に基づく削減義務のイメージ

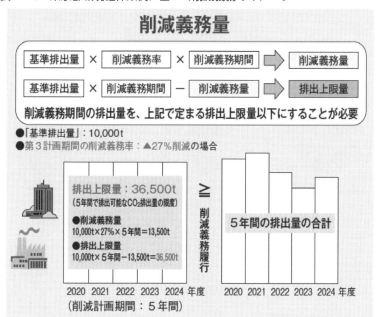

出典：東京都環境局「東京都環境確保条例　大規模事業所に対する温室効果ガス排出総量削減義務と排出量取引制度（東京都キャップ＆トレード制度）第3計画期間（2020年度から2024年度まで）」(https://www.kankyo.metro.tokyo.lg.jp/climate/large_scale/overview/movie_data.files/seidogaiyou_pamphlet_202104.pdf) より抜粋

㈣　義務不履行のサンクション

　義務履行できなかった場合で、削減計画期間の終了後一定期間内に他の事業者からクレジットを取得できなかったときは、不足量の1.3倍を上限として取得して義務履行することを命じられる可能性があります（東京都環境確保条例8条の5第1項）。そして、当該命令にも違反してしまった場合には、上限50万円の罰金（同条例159条1号）、都知事が（代わりに）調達する命令不足量の費用の求償請求（同条例8条の5第3項）、および、違反事実の公表（同条例156条2項）の措置が講じられる可能性があります（➡図表2-20（48頁）参照）。

図表 2-20：東京都環境確保条例に基づくサンクションのイメージ

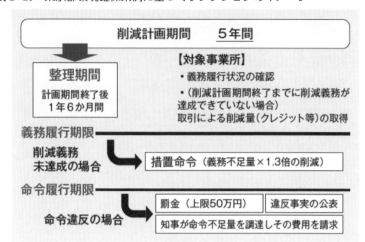

出典：東京都環境局「東京都環境確保条例　大規模事業所に対する温室効果ガス排出総量削減義務と排出量取引制度（東京都キャップ＆トレード制度）第3計画期間（2020年度から2024年度まで）」(https://www.kankyo.metro.tokyo.lg.jp/climate/large_scale/overview/movie_data.files/seidogaiyou_pamphlet_202104.pdf) より抜粋

イ　削減クレジット（J-クレジット制度）

　日本における主要な削減クレジットの取引制度は、J-クレジット制度[29]で、その概要は図表2-21のとおりです。

　前記のキャップ・アンド・トレード型の排出量取引制度とは異なり、各事業者や事業所について一定の排出量（キャップ）が設定されるのではなく、個別具体的な温室効果ガス削減プロジェクト（森林吸収プロジェクトを含みます。）に基づく削減量についてクレジットが与えられ、それを売買したり、自己のカーボン・オフセットに利用したり、また、温対法の報告やCDP/SBT/RE100対応に利用したりすることができる仕組みとなります。

　このような削減クレジットの発行に際して実際の削減分を超えてクレジットが発行されてしまったり、削減分のダブルカウントがなされてしまったりすると、地球温暖化を抑制する趣旨が没却されてしまいますので、発行にあ

29　国内クレジット制度と、オフセット・クレジット制度（J-VER制度）とが、2013年に発展的に統合してできた制度です。

図表 2-21：J-クレジット制度の概要

出典：J-クレジット制度事務局「J-クレジット制度について」（https://japancredit.go.jp/data/pdf/credit_001.pdf）3頁より抜粋

たっては、図表2-22（50頁）のように厳格な審査・検証が行われます。クレジットは目に見えないものであるため、このような審査・検証手続は、クレジットの正当性を確保するための重要な手続となります。

J-クレジット制度では、排出削減・吸収に資する技術ごとに、適用範囲、排出削減・吸収量の算定方法およびモニタリング方法等を規定した「方法論」が定められています。

ウ　カーボン・クレジット取引制度のポイント

以上、実例として東京都の排出量取引制度とJ-クレジット制度を紹介しましたが、それらに限らず、いずれの類型のカーボン・クレジット取引制度でも、主として以下の点が確保されている必要があります。

①　基準となる排出量が正確に算定された上で、クレジットが適正に割当ま

図表 2-22：J-クレジット制度における審査・検証手続の概要

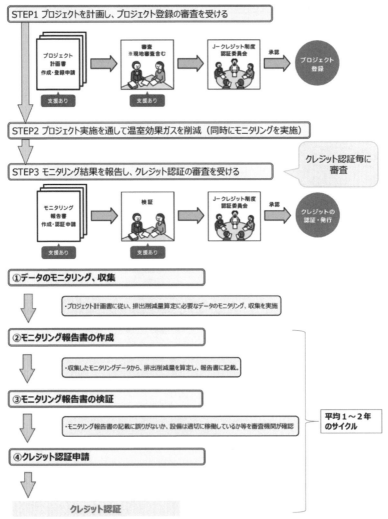

出典：J-クレジット制度事務局「J-クレジット制度について」(https://japancredit.go.jp/data/pdf/credit_001.pdf) 6頁および18頁より抜粋

たは発行されること。

② クレジットを適切に特定した上で、どの主体に帰属するのかが具体的に定められること。

少なくともこれらの点が確保されなければ、制度およびクレジットの信頼

性に大きな疑問が生じてしまいますし、また、世界全体として温室効果ガス排出を削減するという目的が達成できなくなってしまいます。また、これらの点は、後記のカーボン・クレジットに対する業規制を検討する上でも重要なポイントとなります（➡本章2⑶ウ㈦（57頁）参照）。

　特に、削減クレジットのうちボランタリークレジットについては民間主導であるため、算定および検証等が厳密に行われていることの確保が重要となります。現状、算定および検証の手法は、各クレジットによって区々といえますが、前記の Gold Standard、VCS、ACR および CAR などは、ICROA（International Carbon Reduction & Offset Alliance）という国際的な機関によって是認されています[30]。

　また、クレジットの帰属の問題については、各クレジットについてシリアル番号等が付されて特定され、また、保有・管理・移転のための口座簿が設置され、クレジット取引はすべて口座簿上で管理されることによって対応されています。例えていえば、上場株式については株式振替制度に基づいて振替口座簿において取引記録がなされますが、それと類似のシステムが構築されるといえます。

　なお、そのような口座簿システムにおける手続のうちカーボン・クレジットに特徴的なものとして、償却と無効化が挙げられます。カーボン・クレジットは継続的な保有が想定されているものではなく、実質的に二酸化炭素の削減をするために用いられるものであるため、たとえば、キャップ・アンド・トレードの場合、自己に課されている削減義務を履行するために、当該対象期間の排出量に相当するクレジットの償却が対象期間末に行われることになりますが、かかる償却も口座簿システム上で行われます。また、削減クレジットを利用してカーボン・オフセットを行う場合も、対象排出量に相当するクレジットを無効化する必要がありますが、その手続も口座簿システム上において行われることになります。

30　ICROA「ICROA Code of Best Practice（2022/2）」（https://www.icroa.org/_files/ugd/653476_22f45608c0f447ca950684a49549e7ce.pdf）

（3）カーボン・クレジットの法的実務

ア　カーボン・クレジットの法的性質

　これまで述べてきたカーボン・クレジットの法的性質は、現時点では具体的に明らかになっていません。さらにいえば、主導しているのが公的機関なのか民間なのか、または、キャップ・アンド・トレード型なのかベースライン・アンド・クレジット型なのか等によってもクレジットの法的性質は変わり得るため、「カーボン・クレジットとは法的に～である」と一義的に定義付けることはできませんし、また、そのように定義付けることによってカーボン・クレジットに関する法的問題が解決するものでもないといえます。そのため、法的性質に関する一般的な検討はしつつも、個別具体的な制度およびクレジットの性質等を踏まえて検討していかざるを得ないものと考えられます。また、立法措置によって解決され得る問題でもあります。

　なお、この法的性質に関する論点については、国内排出量取引制度における排出権（排出枠）、特に EU ETS における排出枠（allowance）の法的性質という問題として先行して論じられてきました。もっとも、EU ETS 指令2003/87/EC は、3 条(a)において、「'allowance' means an allowance to emit one tonne of carbon dioxide equivalent during a specified period, which shall be valid only for the purposes of meeting the requirements of this Directive and shall be transferable in accordance with the provisions of this Directive」（「排出枠」とは、ある特定の期間において二酸化炭素 1 トン相当を排出する枠を意味し、かかる枠は、本指令の要求事項を満たす目的のためのみに有効であり、また、本指令の規定に従って譲渡可能なものである。）と定めるのみで、その法的性質については具体的に明らかにされてはいません。

　この問題に関する EU 加盟各国の関連法令における定義や解釈は様々で、動産類似とされたり、（無体）財産権とされたり、私法上の権利としての性質に加えて公法上の権利としての性質を有するとしたりするものがあり[31]、統一的な解釈は示されていません。また、統一的な解釈の必要性も提唱され

ていません[32]。

　なお、EU ETS における排出枠の法的性質に関連する法令としては第2次金融商品市場指令（MiFID II）が挙げられます。同指令においては、EU ETS における allowance は金融商品（Financial Instruments）であると定義付けられています（Article 4, Paragraph 1, Item (15) および Annex I Section C (11)）。

イ　日本法における法的位置づけ

㋐　国内法令およびこれまでの議論

　現時点において、日本の国レベルでの法令において明示的な法的根拠を有するカーボン・クレジットは、温対法に基づく算定割当量（同法2条7項）のみです。京都議定書に基づく京都クレジットの取引を想定して整備されたもので、その定義も京都クレジットに紐付いています。京都クレジットについては、京都議定書に基づく国別登録簿の在り方に関する検討会が2006年に公表した「京都議定書に基づく国別登録簿制度を法制化する際の法的論点の検討について（報告）」において、「国際的な合意に反しない限り、動産類似のものとして取り扱うという程度の整理が望ましく、また、それで十分である。」として、「動産類似の財産権」と整理されました。もっとも、これは京都クレジットに関する法的整理であり、他のカーボン・クレジットにも妥当するものであるとは必ずしもいえません。

　また、日本において国レベルの国内排出量取引制度が導入された場合における排出権（排出枠）の法的性質については、国内排出量取引制度の法的課題に関する検討会によって検討がされており、「排出枠の保有者は、第1に、一定量の排出をすることができる、すなわち、正確には、それを国に対して譲渡することにより償却義務を履行できること、第2に、それを（国以外の）他人に対して譲渡できることを内容とする民事法上の『特殊な財産権』

---

31 European Commission「Legal Nature of EU ETS allowances Final Report」（2018年12月）51頁以下、European Environment Agency「Application of the Emissions Trading Directive by EU Member States―reporting year 2008」（2008）73頁参照。

32 前掲注31「Legal Nature of EU ETS allowances Final Report」186頁以下参照。

を有すると整理すれば、それで足りると考えれば足りると考えられる」と整理されました[33]。

(イ) 日本法上の位置づけと検討

　以上も踏まえて日本法における位置付けを検討すると、まず、カーボン・クレジットが財産的価値を有するものとして取引されていることからすれば、クレジットに一定の財産権性が認められるのは否定できないと思われます。他方で、クレジットは義務履行またはオフセットの際に償却または無効化されますし、制度変更によってその内容が変わり得るところ、クレジットが一般的な財産権と同様であるとすると、国または地方公共団体が主体となる制度の場合、償却や無効化または制度変更のつど、財産権の補償（憲法29条3項）の要否が問題となってしまいます。このような問題に対応するためには、財産権性は認めつつも補償の必要のない特殊な権利であると位置づけるか、または、立法的解決による対応が必要となります。

　たとえば、米国においては、連邦レベルにおける排出量取引制度はないものの、東海岸の州が参加する地域温室効果ガスイニシアティブ（Regional Greenhouse Gas Initiative：RGGI）が存在しますが、当該制度におけるモデルルールにおいては、「CO$_2$ allowance」は規制機関等から付与された権限に過ぎないものとされ[34]、かつ、明示的に財産権性が否定されています[35]。また、カーボン・クレジットではないものの、大気浄化法（Clean Air Act）の酸性雨プログラムにおける allowance については、"An allowance allocated under this title is a limited authorization to emit sulfur dioxide in accordance with the provisions of this title. Such allowance does not constitute a property right."（本章において割り当てられる枠は、

33　国内排出量取引制度の法的課題に関する検討会「国内排出量取引制度の法的課題について（第一次〜第四次中間報告）」（https://www.env.go.jp/earth/ondanka/det/other_actions/ir_1203.pdf）41頁参照。

34　"A limited authorization by the REGULATORY AGENCY or a participating state under the CO$_2$ Budget Trading Program to emit up to one ton of CO$_2$, subject to all applicable limitations contained in this Part."

35　"A CO$_2$ allowance under the CO$_2$ Budget Trading Program does not constitute a property right."

二酸化硫黄を本章の規定に従って排出できる限定的な権限である。かかる排出枠は財産権を構成しない。）と、財産権性がないことが明記されています（Section 403（f））。

　日本においても同様に財産権性を否定する立法がなされる可能性があり得ますが、前記のとおり財産的価値があるものとして取引されているところからすると、特殊な財産権として位置づけるのが妥当であると考えられます。そして、国または地方公共団体との関係でカーボン・クレジット（ボランタリークレジットを除きます。）が財産的な価値があるものとして取引されているのは、クレジットを保有することによる負担や制裁（例：法令に基づく報告義務や排出削減義務）を受けないという期待があり、この期待が財産的な価値を有するものとして保護されるものと構成し得ると考えられます[36]。国または地方公共団体との関係においては、このような期待権として構成すれば前記の補償の問題が解決し得ると考えられます。

ウ　カーボン・クレジット取引の法的実務

㋐　カーボン・クレジットの売買

　カーボン・クレジットを有効に売買するためには、まず、当事者間において有効な売買契約が締結される必要があります。通常の売買契約と同様、譲渡対象となるクレジットを特定する必要がありますし、また、確定的な売買代金の支払合意をする必要があります。

　その上で、カーボン・クレジットの売買において特徴的なことは、各クレジットはシリアル番号によって特定がなされ、かつ、口座簿における記載によって移転の管理がなされる点です。たとえば、温対法上の算定割当量の移転[37]も、東京都環境確保条例における振替可能削減量の移転[38]も、その点は

36　キャップ・アンド・トレードにおける排出枠に関して、太田穣「排出権を巡る法務と今後の課題について」（みずほ情報総研株式会社『図解よくわかる排出権取引ビジネス』90頁以下（日刊工業新聞社、第4版、2008））参照。

37　「算定割当量の帰属は、この章の規定による割当量口座簿の記録により定まるものとする」（温対法44条）、「算定割当量の取得及び移転……は、この条に定めるところにより、環境大臣及び経済産業大臣が、割当量口座簿において、当該算定割当量についての減少又は増加の記録をすることにより行うものとする」（同48条1項）とされています。

同様です。

そして、算定割当量については、「算定割当量の譲渡は、第48条の規定に基づく振替により、譲受人がその管理口座に当該譲渡に係る算定割当量の増加の記録を受けなければ、その効力を生じない」（温対法50条）と、移転の記録が譲渡の効力発生要件であることが法律上明記されています。東京都環境確保条例においては明文規定がありませんが、同様に移転の記録が効力発生要件であると解釈されています[39]。

また、同様に、J−クレジットについても、その制度文書によって、登録簿における記録がクレジット移転のための効力発生要件となっています[40]。

このように、登録簿による記録が効力発生要件とされているのがカーボン・クレジット取引の基本であるといえます。そのため、仮に有効な売買合意をして支払を行ったとしても、登録簿において移転の記録がなされないと買主は移転を受けられない点に注意が必要です。

㈰ カーボン・クレジットへの担保設定等

温対法における算定割当量については、「算定割当量は、質権の目的とすることができない」（温対法51条）とされ、質権設定を明示的に禁止する規定があります。また、東京都環境確保条例とJ−クレジットの制度文書においては担保設定に関する特段の規定がありませんが、たとえば株式のように質権設定を公示するための手段もないため、同様に質権設定はできないのではないかとも考えられます。

---

38 「振替可能削減量の帰属は、この節の規定による削減量口座簿の記録により定まるものとする」（東京都環境確保条例5条の20）、「振替可能削減量の振替並びに振替可能削減量及びその他ガス削減量の発行及び義務充当は、知事が、削減量口座簿において、規則で定めるところにより、当該振替可能削減量又はその他ガス削減量についての減少又は増加の記録をすることにより行うものとする」（同5条の22第1項）とされています。

39 小澤英明他『東京都の温室効果ガス規制と排出量取引―都条例逐条解説―』170頁以下（白揚社、2010）参照。

40 「J−クレジットは、J−クレジット登録簿への記録により効力を生じ、直ちにJ−クレジット登録簿の口座の名義人に帰属するものとする」（J−クレジット制度実施要綱3.2条）、および、「システム利用者は、別に定める手順書に基づき、自らの口座に記録されたJ−クレジット等の他の口座への移転、無効化、償却及び取消を行うことができる」（J−クレジット登録簿システム利用規程6条）とされています。

もっとも、他方で、算定割当量についても譲渡担保の設定はできると解されています[41]。譲渡担保は譲渡の形式をとるため、前記(ｱ)と同様に登記簿において移転の記録を行うとともに、当事者間にて譲渡担保設定の合意をすることになります。この点は温対法における算定割当量に限らず、東京都環境確保条例やJ-クレジットを含み、基本的にいずれのクレジットについても、譲渡担保設定の合意はできるものと考えられます。

　また、差押え等の民事執行については、前記のとおりカーボン・クレジットには財産権性が認められると考えられることから、「その他の財産権」（民事執行法167条1項）として取り扱うことが考えられます[42]。

(ｳ)　カーボン・クレジット関連の業規制

　日本におけるカーボン・クレジットに関する業規制のポイントとして挙げられるのは、まず、EU ETS の排出枠（allowance）とは異なり、金融商品取引法上、カーボン・クレジット自体は金融商品とされていない点です。そのため、たとえばカーボン・クレジット自体の売買取引を媒介等する行為については金融商品取引業の登録をすることなく行うことができます[43]。他方、金融商品取引法においては、温対法に基づく算定割当量および「その他これに類似するもの」（以下「算定割当量等」といいます。）について、算定割当量等の売買およびその媒介・取次ぎ・代理ならびに算定割当量等のデリバティブ取引およびその媒介・取次ぎ・代理が金融商品取引業者の届出業務となっています（金融商品取引法35条2項7号、同業府令68条16号および17号）。

　さらに、銀行についても、他業証券業等ないし法定他業として、算定割当量等について、売買およびその媒介・取次ぎ・代理を行うことができます（銀行法11条4号、同施行規則13条の2の6）。また、付随業務として、差金決済型に限定して、算定割当量等のデリバティブ業務も行うことができます

41　京都クレジット流通基盤整備検討会「京都クレジットの流通円滑化のための更なる基盤整備に向けて－最終報告－」（https://warp.da.ndl.go.jp/collections/info:ndljp/pid/9532289/www.meti.go.jp/report/downloadfiles/g80626a01j.pdf）30頁参照。
42　京都クレジットについて、前掲注41京都クレジット流通基盤整備検討会30頁以下参照。
43　長島・大野・常松法律事務所『アドバンス金融商品取引法』750頁（商事法務、第3版、2019）参照。

（銀行法10条 2 項14号、同施行規則13条の 2 の 3 第 1 項 2 号）。

　銀行については、2007年の金融商品取引法施行時に、「銀行の業務範囲については、財務の健全性に与える影響等を慎重に検討する必要がありますが、排出権の売買取引に伴うリスクの内容は、未だ必ずしも明らかでないものと考えられます。」[44]とされ、算定割当量等の売買取引は認められていませんでしたが、2008年の改正によって前記他業証券業等ないし法定他業として追加されたものです。

　そして、この2008年の銀行法改正の際のパブリックコメント手続において、算定割当量等のうち「その他これに類似するもの」に関する金融庁の解釈が示されました。「その他これに類似するもの」の具体的な範囲については引き続き不明確な状況なのですが、銀行および金融商品取引業者がカーボン・クレジットに関する取引を行う上で重要となりますので、以下引用します[45]。

　　「その他これに類似するもの」に該当するか否かについては、審査・承認手続の厳格性、帰属の明確性等の観点から、個別具体的に判断される必要がありますが、この限りにおいて、法令（外国の法令、米国州法を含む。）に基づく排出枠やクレジットについては該当するものと考えられます。

　　また、「排出量取引の国内統合市場の試行的実施について」に基づき取引される排出枠及び国内クレジットについては該当するものと考えられます。

　まず、後段において、「『排出量取引の国内統合市場の試行的実施について』に基づき取引される排出枠及び国内クレジットについては該当するものと考えられます」とされていますが、前者については当時検討されていた国

44　2007年 7 月31日金融庁パブリックコメント回答（https://www.fsa.go.jp/news/19/syouken/20070731-7/00.pdf）596頁参照。
45　2008年12月 2 日金融庁パブリックコメント回答（https://www.fsa.go.jp/news/20/20081202-1/00.pdf）64頁参照。

内排出量取引制度に基づく排出枠を指しているため、今後、国内排出量取引制度が導入された場合には、当該制度に基づいて割り当てられる排出枠については「その他これに類似するもの」に該当するものと考えられます。

また、「国内クレジット」は、（J-VER制度とともに）J-クレジット制度の前身である国内クレジット制度に基づくクレジットを指しますので、J-クレジットについても基本的に該当するものと考えられます。

他方で、削減クレジットのうち、民間主導のボランタリークレジットについては、前記前段の「法令（外国の法令、米国州法を含む。）に基づく排出枠やクレジット」に該当するか、または、「審査・承認手続の厳格性、帰属の明確性等」を満たすかについて検討する必要があると考えられます。具体的には、少なくとも、VCS、ACRおよびCARについては、ICROAによって是認されているとともに、米国カリフォルニア州における排出量取引制度のクレジットとして利用ができるものとされていることを考慮すると、国内排出量取引制度における排出枠やJ-クレジットと同様に「その他これに類似するもの」に該当するものとして扱ってよいのではないかと思われますが、今後の議論の蓄積および当局の判断が待たれるところです。

 ## 3 水素・燃料アンモニアの法務

（1）水素社会の実現に向けた取組み

2050年カーボンニュートラル宣言よりも以前から、日本では水素社会の実現に向けた取組みを開始していました。2017年4月に開催された第1回再生可能エネルギー・水素等関係閣僚会議において、安倍首相（当時）は、世界に先駆けて水素社会を実現すべく政府が一体となって取り組むための基本戦略の年内策定を指示しています。これを踏まえ、同年12月に世界初の水素基本戦略が策定され、水素社会に向けて大きな一歩を踏み出しました[46]。

グリーン成長戦略においても、水素・燃料アンモニア産業は14の重要分野の1つに掲げられています。また、2022年3月には水素政策小委員会および

アンモニア等脱炭素燃料政策小委員会が設置され、同年4月末までに既に3回の会議が開催され、水素・燃料アンモニアの社会実装の進捗のスピードアップが進んでいます。

（2）水素・燃料アンモニアに適用される規制法

ア　高圧ガス保安法の適用

㋐　高圧ガス保安法の概略

　水素・燃料アンモニアの製造から使用・廃棄までの各過程に関する体系的な法規制は存在していませんが[47]、水素・燃料アンモニアは、通常はガスや液化ガスの状態で取り扱われることになると考えられますので、気体の状態でも液体の状態でも高圧ガス保安法にいう「高圧ガス」（定義については図表2-23参照）に該当し、高圧ガス保安法の適用を広く受けます[48]。ただし、高

図表2-23：高圧ガスの定義

高圧ガスの定義	
圧縮ガス （2条1号）	①　常用の温度において1MPaとなる圧縮ガスであって現にその圧力が1MPa以上のもの ②　温度35度において圧力が1MPa以上となる圧縮ガス（圧縮アセチレンガスを除く。）
液化ガス （2条3号）	①　常用の温度において圧力が0.2MPa以上となる液化ガスであって現にその圧力が0.2MPaであるもの ②　圧力が0.2MPaとなる場合の温度が35度以下である液化ガス

46　正確にはそれ以前の2014年には既に水素・燃料電池戦略協議会が水素・燃料電池戦略ロードマップを取りまとめています。

47　水素社会の実現を見据えて、水素利用を促す環境整備を構築するため、㋑消費者・地域住民等の安全の確保、㋺円滑な水素利用を進めるためのサプライチェーン全体を見渡したシームレスな対応および㋩水素の物理的特性や技術的進展、リスクに応じた対応の視点から議論を行い、①全体戦略の策定、②水素利用のサプライチェーンにおける具体的な課題等の整理・対応策の検討および③工程表の策定を行うことを目指して、2022年8月5日に水素保安戦略の策定に係る検討会が立ち上げられました。検討会は2022年12月までに5回の検討会を行い、2023年2月頃に取りまとめを公表することを予定しており、この検討会の中で、水素全体を横断するような法律の制定に向けた動きが出てくる可能性が高いものと思われ、今後の議論を注視する必要があります。

48　その他にも、各工程においてそれぞれの目的に応じて様々な法律による規制を受けることになります。

　水素やアンモニアが「カーボンニュートラル社会の実現のカギ」（第6次エネルギー基本計画82頁）と称される背景を理解するためには、その特性を理解する必要があります。

　水素やアンモニアは、電気と同様に、エネルギーを運搬する媒体（エネルギーキャリア）となるものですが、電気と異なり、電子のみならず分子により構成されるため、石油、石炭、バイオガスや天然ガスと同様、安定的な貯蔵および運搬が可能です。

　そして、炭素成分（C）を含まない水素（H_2）やアンモニア（NH_3）は、燃焼させても二酸化炭素（CO_2）を排出しないという特性をもちます。

　さらに、水素は、再生可能エネルギー由来の電力と水電解装置を利用して製造する方法（グリーン水素）、原子力由来の電力と水電解装置を利用して製造する方法（ピンク水素）、石油や石炭等の化石燃料を高温で水蒸気と反応させる方法、苛性ソーダ等の製造時や鉄鋼製造の際のコークス精製時に生じた副生ガスを活用して水素（副生水素）を製造する方法、食品廃棄物や下水汚泥等のバイオマスから得られるメタノールやメタンガスを改質する方法など、多種多様なエネルギー源から製造が可能です。光触媒を利用し太陽光によって水から水素を製造する方法や高温ガス炉等の高温熱源を活用した水素製造（ヨウ素と硫黄の化合物による化学反応を組み合わせた IS プロセス等）の研究開発も進んでいます。アンモニアは、水素を高温高圧下で触媒反応することで製造するハーバーボッシュ法が伝統的ですが、前記のとおり、水素自体が多種多様なエネルギー源から製造されます。グリーン水素はもちろん、化石燃料由来の水素も、二酸化炭素の分離回収装置を併用することで、実質的に CO_2 を排出せずに製造することが可能です（いわゆるブルー水素）。

　こうしたエネルギーキャリアとしての特徴、製造方法の多様性および製造・燃焼過程の CO_2 フリーの実現可能性が、水素・アンモニアがカーボンニュートラル実現のカギとされる1つの理由といえます。

　アンモニアは、2017年12月策定の水素基本戦略において、液化水素やMCH（メチルシクロヘキサン）等と並ぶ水素の運搬媒体（キャリア）の1つと位置づけられてきましたが、近時は、燃焼時にCO_2を排出しないゼロエミッション燃料として、その直接利用に対する期待が高まっています。このように、火力発電、工業炉や船舶の燃料として直接利用されるアンモニアを「燃料アンモニア」といいます。一方、アンモニアは、肥料や工業用等の原料としても用いられ（原料アンモニア）、既に世界的なマーケットが存在します。資源エネルギー庁のウェブサイト*によれば、原料用アンモニアの生産量は2019年で年間約2億トン程度であり、国内でも約108万トン（2019年）消費されているようですが、世界的にみてほとんどが地産地消されており、同年の貿易量は1割（約2,000万トン）に留まるようです。燃料アンモニアの普及に向けては、大量のアンモニアが流通する取引市場の形成とサプライチェーンの構築が課題です。2020年10月に設立された燃料アンモニア導入官民協議会においては、燃料アンモニアの利用拡大に向けた課題の整理が進められています。

　＊資源エネルギー庁ウェブサイト

　https://www.enecho.meti.go.jp/about/whitepaper/2021/html/3-8-4.html

圧ガス保安法の適用が除外されている場合もあります。たとえば、船舶内の高圧ガスについては陸上と取扱いが異なることから船舶安全法に一任されており、高圧ガス保安法は適用されません（高圧ガス保安法3条1項3号）。また、後記のとおり、2022年の通常国会において、燃料電池自動車に関する規制の一元化を目的とした高圧ガス保安法等の改正法案が提出され、2022年6月に成立しています。

　高圧ガス保安法は、高圧ガスによる災害を防止するため、高圧ガスの製造、貯蔵、販売、移動その他の取扱および消費ならびに容器の製造および取扱を規制するとともに、民間事業者および高圧ガス保安協会による高圧ガスの保

安に関する自主的な活動を促進し、もって公共の安全を確保することを目的とする法律です。水素・燃料アンモニアについてもこの法律の適用を受けることにより、製造、貯蔵、販売、移動その他の取扱について高圧ガス保安法により、以下のような規制が課せられることになります。

(イ)　**水素・燃料アンモニアの製造（図表 2 -24参照）**

　水素・燃料アンモニアの製造を行う場合、その処理能力により、以下のとおり都道府県知事からの許可または都道府県知事への届出が必要となります（高圧ガス保安法 5 条）。

　なお、以下の行為すべてが「高圧ガスの製造」に該当します（高圧ガス保安法及び関係政省令等の運用及び解釈について（内規）の「第 5 条関係（製造の許可等）」の(6)参照）。

【圧力を変化させる場合】

　①　高圧ガスでないガスを高圧ガスにすること

　②　高圧ガスの圧力をさらに上昇させること

　③　高圧ガスを当該高圧ガスよりも低い高圧ガスにすること

【状態を変化させる場合】

　④　気体を高圧ガスである液化ガスにすること

　⑤　液化ガスを気化させ高圧ガスにすること

【容器に高圧ガスを充填する場合】

　⑥　高圧ガスを容器に充填すること

(ウ)　**水素・燃料アンモニアの貯蔵（図表 2 -25参照）**

　水素・燃料アンモニアの貯蔵（高圧ガスが容器（ボンベ）または貯槽（タンク）の中にあってとどまっている状態のことをいいます。）を行う場合、その規模により、以下のとおり都道府県知事からの許可または都道府県知事への届出が必要となります（高圧ガス保安法16条、17条の 2 ）。

　なお、貯蔵量が300Nm^{3}未満の場合には、特段の手続は不要です（ただし、0.15Nm^{3}以上の場合には高圧ガス保安法15条に規定する基準に従う必要があります。）。

図表 2 -24：水素・燃料アンモニアの製造に係る許認可

製造者の区分	
第一種製造者（100Nm³/ 日以上）	都道府県知事からの許可
第二種製造者（100Nm³/ 日未満）	都道府県知事への届出

図表 2 -25：水素・燃料アンモニアの貯蔵に係る許認可

貯蔵所の区分	
第一種貯蔵所 （水素：1,000Nm³以上）	都道府県知事からの許可 ※ただし、第一種製造者については、貯蔵についての個別の許可は不要
第二種貯蔵所 （水素：300Nm³以上1,000Nm³未満）	都道府県知事への届出

㈔ 水素・燃料アンモニアの販売

　水素・燃料アンモニアの販売を行う場合、都道府県知事への届出が必要となります（高圧ガス保安法20条の4）。ただし、第一種製造者が製造した水素・燃料アンモニアを製造した事業所で販売する場合には届出は不要とされています。

　これらの販売業者等は、販売所ごとに販売主任者（製造保安責任者免状または高圧ガス販売主任者免状の交付を受けている者であって、高圧ガスの販売に関する一定の経験を有する者である必要があります。）を選任し（高圧ガス保安法28条）、一定の技術上の基準に従って販売をする必要があります（高圧ガス保安法20条6）。また、販売業者等は、販売にあたって購入者に高圧ガスによる災害の発生の防止に関し必要な一定の事項を周知する義務を負います（高圧ガス保安法20条の5）。

㈥ 水素・燃料アンモニアの輸入

　海外で製造した水素・燃料アンモニアを輸入する場合、輸入した水素・燃料アンモニアおよびそれらの容器について一定の技術上の基準（以下「輸入検査基準」といいます。）に適合しているかにつき、都道府県知事による輸入検査を受ける必要があります（高圧ガス保安法22条）。ただし、以下の場合に

は、かかる輸入検査は不要とされています。

① 輸入した高圧ガスおよびその容器につき、高圧ガス保安協会または指定業者が行う輸入検査を受け、それらが輸入検査基準に適合していると認められ、その旨を都道府県知事に届け出た場合

② 船舶から導管により陸揚げして高圧ガスの輸入をする場合

③ 一定の緩衝装置内における高圧ガスの輸入をする場合

④ 公共の安全の維持または災害の発生の防止に支障を及ぼすおそれがない場合（自動車用エアバッグガス発生器内における高圧ガス等）

(カ) **水素・燃料アンモニアの移動**

水素・燃料アンモニアを移動するに際しては、水素・燃料アンモニアを格納する容器について経済産業省令に定める保安上必要な措置を講じる必要があります（高圧ガス保安法23条1項）。また、水素・燃料アンモニアを車両により移動する場合には、その積載方法および移動方法について経済産業省令で定める技術上の基準に従う必要があり、また、導管により水素・燃料アンモニアを輸送する場合には経済産業省令で定める技術上の基準に従って導管を設置および維持する必要があります（高圧ガス保安法23条2項および3項）。

(キ) **水素・燃料アンモニアの消費**

300m^{3}以上の圧縮水素または質量3,000kg以上の液化アンモニアを消費する場合には、当該消費者（以下「特定高圧ガス消費者」といいます。）は事業所ごとに消費する特定高圧ガスの種類、消費のための施設の位置、構造および設備ならびに消費の方法を記載した書面を添えて都道府県知事に届出をする必要があります（高圧ガス保安法24条の2）。また、当該特定高圧ガス消費者は消費のための施設をその位置、構造および設備が経済産業省令で定める技術上の基準に適合するように維持する必要があります（高圧ガス保安法24条の3）。加えて、当該特定高圧ガス消費者は、事業所ごとに特定高圧ガス取扱主任者を選任する必要があります（高圧ガス保安法28条2項）。

イ　その他の規制法

水素・燃料アンモニアに適用の可能性があるその他の規制法は多岐にわたりますので、図表2-26にその概要をまとめて記載します。

図表 2 -26：水素・燃料アンモニアに係るその他の規制法

法令	主な規制例
消防法	・水素ガス・アンモニアガスは消防法上の危険物には該当しません。 ・劇物であるアンモニアを200kg以上貯蔵・取り扱う者は、原則として、所轄消防庁等への届出が必要になります（9条の3）。 ・高圧ガスと危険物を同時に車両に積載し、運搬することは原則禁止されます（危険物規則46条、危険物告示68条の7）。 ・高圧ガスを貯蔵し、または取り扱う施設と危険物施設との間に保安距離（20m以上）を確保する必要があります（危険物政令9条1項、危険物規則12条）。 ・圧縮水素充填設備設置給油取扱所（水素スタンドを併設したガソリンスタンド等）は、一般則7条の3または7条の4の規定によるほか、危険物規制規則27条の5に定める基準に適合する必要があります。 ・定置用燃料電池設備（エネファーム等）を設置するためには自治体ごとにと届出が必要となり（たとえば、東京都火災予防条例57条）、離隔距離に関する規制（8条の3）があります。
建築基準法 （都市計画法）	・圧縮ガス／液化ガスや可燃性ガスの製造・貯蔵に関する用途地域ごとの制限があります。
石災法	・石油コンビナート等特別防災区域における新設事業所等の施設地区の配置規制があります（8条等）。 ・特定事業所に特定防災施設等を設置する義務を負います（15条）。
毒劇法	・アンモニアは劇物であり、登録を受けた者でなければ、製造、輸入、貯蔵、運搬等を行うことができません（3条）。
道路法	・水底トンネル等において爆発性または昇燃性等を有する危険物を積載する車両の通行が禁止され、または制限されます（46条3項）。
船舶安全法	・高圧ガスや毒物類等の危険物の船舶による運送・貯蔵等については、危険物船舶運送及び貯蔵規則（詳細は船舶による危険物の運送基準等を定める告示に定められています）により規制されます（54条以下等）。

法令	主な規制例
港則法	・爆発物その他の危険物（高圧ガス、毒物類等）を積載した船舶は、特定港に入港しようとする際、港の境界外で港長の指揮を受けなければならず（20条）、特定港において原則として港長の指定した場所でなければ停泊・停留できません（21条）。 ・特定港において危険物の積込等を行う場合、港長の許可が必要となります（22条）。
航空法	・爆発性または易燃性を有する物件（高圧ガス、毒物類）等の輸送や機内への持込が原則禁止されます（86条、規則194条）。
労安法	・事業者は、爆発性の物、発火性の物、引火性の物等による危険および電気、熱その他のエネルギーによる危険を防止するための必要な措置を講じる義務があります（20条）。 ・水素、アンモニアは危険物のうち可燃性のガス（施行令別表1第5号）としての規制を受けます。 ・アンモニアは、容器・包装に名称等を表示し、譲渡先等に一定事項を通知し、リスクアセスメントを実施すべき有害物（57条、57条の2、57条の3）にも該当します。
船員法／船員労働安全衛生規則	・危険物を積載する場所の見やすい箇所に防火標識、禁止標識または警告標識を設置する義務があります（24条）。 ・危険物のうち、人体に有害な気体を発散するおそれのある物質を積載する船舶に関し、検知器具の設置が義務づけられます（44条）。
大気汚染防止法	・水素製造用および燃料電池用改質器ならびにアンモニア製造用合成施設は、ばい煙発生施設と扱われます（2条2項、施行令2条、別表1第2項）。 ・ばい煙発生施設設置のためには届出が必要となり（6条）、排出基準を遵守する必要があります（13条）。また、定期的なばい煙量および濃度（ばいじんおよびNOX）の測定義務を負います（15条）。
騒音規制法／振動規制法	・原動機の定格出力が7.5kw以上の空気圧縮機を設置する場合には、特定施設に該当します。 ・自治体ごとに騒音・振動の規制値が異なりますが、水素関連の工場や事業場を設置する場合には、該当可能性を確認する必要があります。
ガス事業法	・500mを超えるガス導管を構外に設置する際、ガス主任技術選任に関する規制が適用されます（105条、施行規則168条）。

水素関連の規制の緩和等は、主に水素ステーションや燃料電池自動車について先行して議論・検討がされており、以下の点についての規制緩和が実現し、または実現する見込みです。

㋐　セルフ充填式の水素ステーション

高圧ガスに該当する水素ガスを燃料電池自動車に充填する行為は、前記のとおり、高圧ガス保安法上の「製造」に該当するため、高圧ガス保安法上の製造許可／届出を行った事業者が行う必要があります。そのため、ガソリンスタンドとは異なり、水素ステーションの従業員による充填が必須であり燃料電池自動車の運転手等によるセルフ充填ができないのが原則です。水素ステーションの普及の観点から、セルフ充填式の水素ステーションの設置を認める規制緩和の要望があったことを踏まえ、2020年8月に一般則が改正され、以下の措置を講じ、一定の基準を満たす場合には、セルフ充填式の水素ステーションの設置が認められました。この場合、顧客による燃料電池自動車への水素の充填は、事業者の従業員が行う場合と同様に製造の許可を受けた行為とみなされます。

①　監視に必要な設備を備えた監視所において製造設備等の運転状況を遠隔で監視する措置

②　顧客自らによるセルフ充填が安全に行えるようにするための措置

③　従業者の常駐を前提としない場合であっても災害の発生防止のための応急措置を迅速かつ的確に対応するための体制を確保し、予め危害予防規程に明記すること等の措置

㋑　燃料電池自動車に関する規制の一元化

燃料電池自動車については道路運送車両法の適用がありますが、高圧ガスである水素を充填する容器については高圧ガス保安法も適用されます。燃料電池自動車等の普及拡大に向けて、安全性を確保しながらも、事業者と利用者の負担を軽減し、より合理的な制度とすることが議論されてきました。2022年の通常国会において、道路運送車両法と高圧ガス保安法の関連規制を一元化するため、道路運送車両法が適用される装置内における高圧ガスにつ

いては高圧ガス保安法の適用除外とする改正法案が提出され、2022年6月に成立しました。改正法の施行に伴い、燃料電池自動車の保安規制に関しては、道路運送車両法に一元化されることとなります。

（3）水素・燃料アンモニアと契約実務

ア　概要

　水素・燃料アンモニアに関連する契約実務は今後各種のプロジェクトが進むにつれて発展していくものであり、現時点においてマーケットスタンダードに該当するものは存在しない状況にあります。もっとも、それらは全く無から生まれるわけではなく、過去の別のプロジェクトにおける契約実務を参考にして水素・燃料アンモニアの特性に合わせたアレンジがなされて生み出されていくものです。本書においては、紙幅の関係もありますので、水素・燃料アンモニアのプロジェクトとして初期の段階でまず出てくるであろう、①海外におけるプロジェクトへの投資に関する契約（投資契約／JV契約）、②海外のプロジェクトで製造された水素の購入契約（販売契約）について、想定され得る契約実務についてみていくこととします。

イ　投資契約／JV契約

　海外におけるプロジェクト（以下では、主に水素・燃料アンモニアの製造プロジェクトを想定します。）については、リスク分散や技術の出し合いの観点から複数の企業でプロジェクトを組成することが多くなるものと思われます。そのような複数の企業でプロジェクトを行う場合、ジョイントベンチャーを参加者で組成することになりますので、ジョイントベンチャーに関する契約においてどのような点に留意をすべきかをみていくこととします。

㋐　JV会社を設立するのか

　ジョイントベンチャーを組成する場合、当該プロジェクトを行う合弁会社（以下「JV会社」といいます。）を設立するのか（Incorporated JVとするのか）、それともJV会社を設立しないこととするのか（Unincorporated JVとするのか）ということがまず問題になります。

　天然資源のプロジェクトにおいては、以下の理由からJV会社を組成しな

い Unincorporated JV とすることが多いものと思います。

① JV 会社を作るとオペレーションの責任を JV 会社が一義的に負い、そ
れにより参加者全員がオペレーションの責任を部分的に負担してしまうの
に対し、JV 会社を作らず、現地企業をオペレーターとすれば当該現地企
業に100％オペレーションの責任を負担させることができること

② JV 会社を作らず、直接天然資源の権益を保有することにした場合にお
いて、複数の鉱区に参加しているときには、ある鉱区で費用や損失が発生
した場合に別の鉱区の収益とぶつけることにより実質的に負担する税金を
減らすことができること

③ 天然資源の権益は必ずしも1つの法人で保有する必要はなく、参加する
企業それぞれが政府などから付与を受けることが可能であること

　しかしながら、水素・燃料アンモニアの製造プロジェクトの場合には、以
下の点に鑑みますと、天然資源の場合と異なり、JV 会社を設立する Incor-
porated JV の形態でのジョイントベンチャーを指向する方が望ましいよう
に思われます。

① 天然資源の権益と異なり水素・燃料アンモニア製造プラントというハー
ドアセットが存在するので、それを参加企業で共有するよりも JV 会社を
設立して JV 会社が保有する方が適していること

② 水素・燃料アンモニア製造に関して許認可の取得が必要になる場合には、
許認可を取得する主体として JV 会社が必要となる可能性が高いこと

③ 水素・燃料アンモニア製造に伴うリスクを遮断する観点から有限責任の
形態の JV 会社に水素製造プラントを保有させ、運営させる方が望ましい
こと

　以下では JV 会社を設立することを前提に JV 契約で検討すべきポイント
を説明します。

(イ)　**JV 会社組成の目的の確認**

　JV 契約においてどのような事項を規定することを求めていくのかという
ことを検討するためには、自社が当該 JV 会社に参画する目的を明確にして
おくことが重要です。次のようなことを検討しながら、目的を明確化するこ

図表 2-27：JV 会社組成の目的

JV 会社組成の目的	
JV 会社の経営への参画の要否	マジョリティ株主またはコア株主として JV 会社の経営に参画するのか、マイノリティ株主として JV 会社の経営には参画しないのか
プロジェクトに求めるリターン	水素・燃料アンモニアの供給を受ける権利等何らかの権利の確保を目的とし、投資のリターンは主要な目的としないのか、権利の確保のみならず、投資のリターンも主要な目的とするのか、投資のリターンのみを主たる目的とするのか また、ノウハウ取得が目的で、そのために従業員を JV 会社に出向させたいのか
契約期間	投資期間を定めて、当該投資期間内に Exit するのか、投資期間を定めずに株式を保有し続けるのか
契約の終了事由	どのような場合に撤退するのか

とになります。

(ウ) **JV 契約の個別事項で検討すべき事項**

JV 契約の個別事項で検討すべき事項を以下個別に説明します。

a **追加出資**（図表 2-28参照）

JV 会社設立時に JV 会社の運営に必要な費用すべての出資をすることはあまりなく、必要に応じて追加出資の形で出資をしていくことになります。その追加出資に関する事項として以下の点を検討して、JV 会社のパートナーと協議する必要があります。

b **経営への参画**（図表 2-29参照）

マジョリティ株主またはコア株主として JV 会社の経営に参画する場合には、取締役等の役員を JV 会社に派遣することを検討することになります。その役員派遣に関する事項として以下の点を検討して、JV 会社のパートナーと協議することになります。

c **拒否権事項**

経営への参画にかかわらず、マイノリティ株主となる場合には、自己の権益を守るために、JV 会社による一定の事項について拒否権を保有すること

図表 2-28：追加出資に係る留意点

追加出資に係る留意点	
追加出資義務の有無およびその上限	追加出資義務を負うのか。負う場合には上限額を定めるのか
拒否権の有無	自社の知らないところで追加出資義務を負うことがないように追加出資の決定について拒否権を持つようにするのか
追加出資の方法	追加出資義務を負った場合に、エクイティ（株式）の形のみならずデット（貸付、社債）の形も選べるようにするのか
追加出資義務の違反の対応方法	JV 会社のパートナーが追加出資義務に違反した場合に、ペナルティを課すのか。課す場合には、どのようなペナルティを課すのか（たとえば、パートナーの JV 契約上の権利（取締役指名権等）を停止する等）
追加出資権の有無	追加出資権（Pre-emptive Right）を持ち、自己の JV 会社に対する持ち株比率・議決権比率の希薄化を防ぐことができるようにするのか

図表 2-29：経営への参画に係る留意点

経営への参画に関する留意点	
取締役の派遣の有無および人数	そもそも取締役を派遣するのか、派遣する場合には人数、全取締役に占める割合をどうするのか
オブザーバーとしての参加	取締役を派遣しない場合には、オブザーバーとして取締役会に参加する権利を求めるのか
その他の意思決定機関	取締役会以外の意思決定機関の構成員についても同様に派遣するのか、派遣する場合の人数、割合をどうするのか、派遣しない場合当該意思決定機関に関するオブザーバー権を求めるのか

を求めることが通常です。そのような拒否権事項について、マイノリティ株主の場合には、できるだけ多くの事項を拒否権事項として権益を守ることを求めることとなります。反対に、マジョリティ株主の場合には、JV 会社の円滑な運営の観点から、かかる拒否権事項はできるだけ少なくすることを求めることになります。自社の当該 JV 会社における立場に鑑み、この拒否権事項についてどこまで求めていくのか、あるいは、どこまでの範囲で認める

のかということを検討し、JV 会社のパートナーと協議することになります。

d　デッドロック

　前記した拒否権事項を定めた場合、マイノリティ株主が拒否権を行使すると、当該拒否権の対象となった事項について JV 会社として実行することができないこととなります。たとえば、その事項が必要な設備投資をするための追加出資であった場合、拒否権が行使されると、追加出資が行われず、当該設備投資ができないこととなります。このような状態（そのような状態のことを「デッドロック」といいます。）が継続すると、JV 会社としては事業の運営が進められなくなってしまいます。そこで、このようなデッドロックの状態を解消する方法を JV 契約において定めるのが通常なのですが、そのときに以下の点を検討して、JV パートナーと協議することになります。

①　協議（担当者の協議でまとまらない場合には、上位役職者同士での協議を行うことを含めて）のみを解決方法とするのか。

②　協議のみでは協議が整わない限り、デッドロックの状態は結局解消しないので、最終的にデッドロックを解消するための手段（拒否権を行使している株主の株式を強制的に購入する、または、自己が保有している株式を拒否権を行使している株主に強制的に買い取らせる手段や JV 会社を解散・清算する手段）を設けるのか。設ける場合、手段の内容はどのようにするのか。

e　株式譲渡制限

　JV 会社は設立時の株主がお互いを信頼して、また、お互いに役割を定めて設立したものですので、知らない間に株主が別の者に代わることや別の者が新たに株主に加わっていることは参画株主全員が望んでいないことが通常です。そのため、一般的に、他の株主の同意がない限り、自己が保有している JV 会社の株式を譲渡できないという譲渡制限を合意することになります。もっとも、JV 会社への参画時に、一定の期間が過ぎた後は、JV 会社からエグジットできるようにしたいと考えることもあり得ます。その場合には、一定期間経過後は自由に譲渡できるようにすることを求めたり、他の参画者に JV 会社の株式の購入の機会を与えて（いわゆる先買権）、当該機会を利用して他の参画者が株式の購入をしない場合には自由に譲渡できるようにした

りすることを求めることが考えられます。どのような譲渡制限の内容にするのがよいのか、自社の JV 会社の株式の保有スタンスに応じて検討することになります。

ウ 購入契約

　水素・燃料アンモニアの購入契約については、これから実務が形作られていくものですので、現時点においてマーケットスタンダートとなるものはありません。しかしながら、LNG の購入契約は同じ燃料の購入契約ですので、今後実務が形作られるにあたっては、大いに参考にされるものと思われます。そこで、LNG の購入契約を参考に、水素・燃料アンモニアの購入契約でキーになりそうな点について、以下みていくこととします。

㈠ 引取義務

　LNG の購入契約では、一定量の引取を約束し、買主側の都合で当該量の引取ができない場合でも当該量の代金の支払義務を負う建付け（いわゆる Take or Pay）が一般的で、水素・燃料アンモニアの購入契約においても同様の建付けが取られる可能性が高いものと思われます。

　この引取義務との関係で、LNG の購入契約においては、ある年に約束した量の引取をしなかったものの約束した量に相当する代金の支払を行った場合に、翌年以降に引き取らなかった量を支払済みということで無償で引き渡すことを求めること（Make Up）ができるかということが議論となることがあり、この点については水素・燃料アンモニアの購入契約でも議論になるものと思われます。

㈡ 供給量

　LNG の購入契約では、ベースとなる年間契約数量（Annual Contract Quantity）を合意し、当該量の供給と引取の義務を双方が負うこととされるのが一般ですが、買主の側は一定程度の柔軟性を持つために、供給量について、一定の範囲内（年間契約数量のＸ％という形で合意されます。）で引取量を増加させたり、減少させたりすることを求めることが多く、同様の建付けが水素・燃料アンモニアの購入契約でも採用される可能性が高いものと思われます。

なお、前記の柔軟性が設けられた場合、ある年に買主が許容される範囲で引取量を減少させたときには、当該減少した量を翌年の年間契約数量に加算することを売主が求めること（Make Good）ができるかということが議論となることがあり、この点については水素・燃料アンモニアの購入契約でも議論になるものと思われます。

(ウ) **契約期間**

LNG の購入契約では、売主としては、安定した価格で長期に販売することにより初期投資の回収を確実に行うことを求め、買主としては、必要な燃料の安定的な供給を受けるために長期で購入することを求めることが多いため、契約期間は長期となることが通常です。水素・燃料アンモニアの購入契約においても、売主は製造プラントの建設に多額の資金を投じていますので、長期間の契約を求めることになるものと思われ、水素・燃料アンモニアを確実に購入したい買主は長期間の契約を同様に求めることになる可能性が高いものと思われます。

もっとも、水素・燃料アンモニアについては、今後製造について技術革新が進み、より安価に水素・燃料アンモニアの製造ができるようになる可能性が相当程度高いといえます。このことを踏まえますと、買主としては、初期の相対的に高い値段での購入を長期間拘束されることは回避したいと思う可能性が高く、その場合両者の間で、中途解約の可否、認める場合のペナルティが議論になるものと思われます。

(エ) **所有権および危険負担の移転と輸送責任**

LNG の購入契約では、所有権および危険負担の移転について、DES（Delivery Ex-Ship：買主の荷揚港を引渡地とする方式）と FOB（Free on Board：売主の船積港を引渡地とする方式）のいずれとするのかが議論され、同様の議論が水素・燃料アンモニアの購入契約でもなされるものと思われます。

また、この方式が決まると輸送責任をどちらが負うのかということも連動して決まり、DES の場合には輸送に関する費用および危険を売主が、FOB の場合には輸送に関する費用および危険を買主が負うこととなります。

（オ）　**価格改定**[49]

　LNG の購入契約においては、原油価格など一定の指標に連動する形で価格改定を行うことが合意されることが多く、水素・燃料アンモニアの購入契約でも何らかの形で価格改定について議論になることは間違いないものと思われます。もっとも、水素・燃料アンモニアの場合には、LNG にとっての原油価格のような相関性を見出すことができる指標は見つけるのが難しいことから、LNG の購入契約のように一定の指標に連動する形での価格改定の合意をすることは難しいものと思われます。また、前記のとおり、水素・燃料アンモニアについては、技術革新により大きく価格が下がっていく可能性が高いので、かかる観点から価格改定を行うことについて、売主・買主双方で議論されることになるものと思われます。

エ　プロジェクトファイナンスの可能性

　水素・燃料アンモニアを用いたプロジェクトを進めるにあたっては多額の資金が必要となることが見込まれ、そのすべてを事業者が自らの資金やコーポレートローンの形で調達した借入金で賄うことは難しいものと思われます。もちろん、既に設定されているグリーンイノベーション基金等による国からの支援がその問題への対応策として重要であることは間違いありませんが、それだけでは足りず、プロジェクトファイナンスの形で資金を調達する必要性が出てくるものと思われます。

　そこで、以下においては水素・燃料アンモニアに関するプロジェクトに係るプロジェクトファイナンスにおいて留意すべき点をみていくこととします。

（ア）　**どのようなプロジェクトが対象になり得るのか**

　様々なプロジェクトが対象になり得るものと思われますが、たとえば、①水素・燃料アンモニア専焼／混焼発電所、②水素・燃料アンモニア製造プラント、③水素・燃料アンモニアの貯蔵施設／陸揚げ後の水素化プラント、④

49　2022年5月現在、経済産業省の水素政策小委員会およびアンモニア等脱炭素燃料政策小委員会において、英国やドイツにおける政策を参考に水素・燃料アンモニアの普及のための価格面での支援が議論されており、かかる価格面での支援がなされることになると、それを踏まえてこの価格改定条項の議論もなされることになります。

水素・燃料アンモニア輸送船、⑤水素ステーション、⑥水素のパイプライン等が考えられます。紙幅の関係もありますので、この中で、①および②をピックアップしてこれらのプロジェクトファイナンスで留意すべき点をみていくこととします。

㈠　水素・燃料アンモニア専焼／混焼発電所

　水素・燃料アンモニア専焼／混焼発電所に関するプロジェクトにおいては、キャッシュフローの源泉は発電した電気（環境価値が付与されることとなれば環境価値も）の販売代金ですので、その意味で、これまで存在していた発電プロジェクト（特に再生可能エネルギー発電プロジェクト）と同様に考えることができます。したがって、長期間の固定価格による売電契約が締結できるかが鍵となります。

　水素・燃料アンモニア特有の問題としては、安定的な発電のために長期間の固定価格による燃料調達契約を締結するのが発電プロジェクトのセオリーである一方で、水素・燃料アンモニアについては、前記のとおり、技術革新により価格が大幅に下がっていく可能性があるため、セオリーどおりの燃料調達契約を締結すると、水素・燃料アンモニアの市場価格が下がっているにもかかわらず、対象となるプロジェクトにおいてのみ相対的に高い値段で燃料を調達し続けてしまうことになってしまう点です。それでも、キャッシュフローの源泉になる売電契約が長期間かつ固定価格で解除がされにくいものであれば、収支は一定するので問題になりませんが、売電価格が水素・燃料アンモニアの市場価格等と連動して変動するような場合や他で安く水素・燃料アンモニア由来の電気が購入できるような場合に買主側から売電契約の解除ができるようになっていると、前記の点は重たい問題となり、燃料調達契約について水素・燃料アンモニアの市場価格と連動するような価格変更の合意をしておくか、市場価格が下がった場合には既存の燃料供給契約を解除できるようにしておくことが必要となります。もっとも、そのような場合はプロジェクトファイナンスのセオリーから外れていくことになりますので、ファイナンサーとしては与信の判断が難しくなり、プロジェクトファイナンスの組成の難易度も上がっていくことになります。

㈦　水素・燃料アンモニア製造プラント

　水素・燃料アンモニア製造プラントに関するプロジェクトにおいては、キャッシュフローの源泉は製造した水素・燃料アンモニアの販売代金ですので、長期間の固定価格による販売契約が締結できるかがカギとなります。

　このプロジェクトについても技術革新により、水素・燃料アンモニアの価格が大幅に下がる可能性がある点が特有の問題となります。買主としては、長期かつ安定的な供給を求める一方で、市場価格が下がっている中、相対的に高い値段で水素・燃料アンモニアを購入し続けることには抵抗があるものと思われます。そうなりますと、市場価格に連動した価格変更の合意や中途解約の権利を求めてくるものと思われますが、この2点は対象となるプロジェクトの安定的なキャッシュフローというプロジェクトファイナンスの拠り所を大きく揺るがすことになりますので、プロジェクトファイナンスの組成を難しくしてしまうものです。

　また、別の視点になりますが、川上から川下（製造、輸送、貯蔵、売却）まで1つの事業者が行う場合、当該事業者がそれぞれのポイントで（即ち、製造プラント、輸送船、貯蔵施設それぞれについて）プロジェクトファイナンスを組成しようとすると、1つのキャッシュフロー（水素・燃料アンモニアの販売代金）をそれぞれのプロジェクトで食い合うこととなってしまいますので、この点については、プロジェクトファイナンス組成の上では留意が必要になります。

㈧　プロジェクトの新規性

　水素・燃料アンモニア専焼／混焼発電所の場合も水素・燃料アンモニア製造プラントも、新たな技術に基づく施設となりますので、当該新規性のある施設自体に関する信頼性（いわゆる「Proven Technology」の施設といえるか）がプロジェクトファイナンスの組成の上で問われることとなり、この点はファイナンサーサイドが雇う技術コンサルタントとも協議しながら対応する必要があります。

第3章
電気事業と
カーボンニュートラル
法務

本章では、エネルギーの脱炭素化の中でも中心となる、再生可能エネルギーを含む電気事業におけるカーボンニュートラルにおける取組みを解説します。

 # 電気事業におけるカーボンニュートラル

本項では、電気事業の業務内容に応じて、発電事業、電力の卸売・小売、送配電事業の順に、それぞれにおけるカーボンニュートラルの取組みを解説します。また、近時その導入の拡大に大きな期待が寄せられている蓄電池とディマンドリスポンス（DR）についてもあわせて解説します。

（1）発電事業におけるカーボンニュートラル

発電事業における脱炭素の取組みとしては、再エネ発電設備の導入を可及的に促進するとともに、火力発電設備からの CO_2 排出量を削減することが中心となります。再エネ発電設備の導入に関しては前記および後記のとおりであり（➡第2章1（18頁）、本章2（98頁）参照）、ここでは後者の火力発電について解説します。

ア　火力発電政策─非効率石炭火力のフェードアウト

㋐　火力発電政策の基本的な考え方

石炭、石油、天然ガスによる火力発電は、発電にあたり多大な CO_2 を排出することから、2050年カーボンニュートラルにあたって抜本的な転換が不可欠となっています。もっとも、これらの火力発電は現状で日本の発電電力量の7割以上[1]を占めており、当面は電力の安定供給を支える供給力や再エネ電力の調整力としても欠かすことができないのが実情です。

このため、国の火力発電政策としては、脱炭素化に向けてその比率をできる限り引き下げることを目指しつつも、過渡期においては、①適切な火力ポートフォリオのもとに非効率火力発電設備をフェードアウトすること、お

1　資源エネルギー庁「総合エネルギー統計」（2020年度速報）を参照。

よび、②水素・アンモニア等の脱炭素燃料を利用するなど、火力発電設備の脱炭素化の取組みを促進することが中心的な対応の方向性とされています。

㈣ 非効率石炭火力のフェードアウト

火力発電のうち石炭火力は最も CO_2 排出量が多いことから、特に非効率石炭火力のフェードアウトに向けた各種施策が講じられています。

具体的には、①省エネ法では、「産業トップランナー制度（ベンチマーク制度）」として、特定の業種・分野について、当該業種等に属する事業者が中長期的に達成すべき省エネ基準（ベンチマーク）が定められています。従来、火力発電全体について一定の発電効率がベンチマークとして設定されていましたが、「規制的措置」として、石炭火力単独のベンチマークを設定するとともに、その目標値を強化し、また脱炭素燃料の混焼等による配慮措置が設けられることとなっています。また、②「誘導措置」として、非効率石炭火力電源は、年間の設備利用率が一定値を超える場合には、容量市場で落札された電源であっても容量確保契約金を減額することで、稼働率を抑制することとされています。さらに、③大手電力会社および売電量ベースで同等の発電事業者は、毎年、2030年に向けた非効率石炭火力の「フェードアウト計

図表3‐1：非効率石炭火力のフェードアウト―新たな規制的措置

＜新たな規制的措置の主なポイント＞

	①新たな指標の創設	②発電効率目標の強化	③脱炭素化への布石
現行	火力全体のベンチマーク指標 ※燃料種別の発電効率の加重平均が指標（石油等39%、石炭41%、LNG48%） ⇒非効率石炭火力を減らさずとも、発電効率の高いLNG火力を増やすことで達成可能	石炭火力の発電効率目標41% ※USC（超超臨界）の最低水準 ※火力全体のベンチマーク指標の内数	バイオマス等混焼への配慮措置 ※発電効率の算出時に、バイオマス等混焼分を分母から控除（⇒発電効率が増加） 発電効率 ＝ 発電量 / （石炭投入量 － バイオマス等投入量）
新たな措置	石炭単独のベンチマーク指標を新設 ※既存の火力ベンチマークとは別枠で新設 ⇒石炭火力に特化した指標により、フェードアウトの実効性を担保	発電効率目標43%に引き上げ ※既設のUSC（超超臨界）の最高水準 ※設備単位ではなく、事業者単位の目標水準 ⇒高効率石炭火力は残しつつ、非効率石炭火力をフェードアウト	アンモニア混焼・水素混焼への配慮措置を新設 ※バイオマス混焼と同様の算出方法を使用 ⇒脱炭素化に向けた技術導入の加速化を後押し

※製造業等が保有する自家発自家消費の石炭火力についても、発電効率と高効率化に向けた取組の報告を追加的に措置。

出典：資源エネルギー庁「火力政策をめぐる議論の動向について」（https://www.meti.go.jp/shingikai/enecho/denryoku_gas/denryoku_gas/pdf/042_04_00.pdf） 9頁より抜粋

画」を経済産業大臣に対して提出することとされています。

イ　電源の過度な退出の防止に向けた対応策

　前記のとおり、火力発電は当面は電力の安定供給を支える供給力や再エネ電力の調整力として欠かすことができないことから、できる限りの比率の引下げを目指しつつも、他方で、急激に電源が退出しないようにバランスをとることも重要となります。

　現在、発電設備の廃止により供給力不足が見込まれる場合、追加供給力の公募手続が行われています。もっとも、当該公募手続は実施まで一定の時間を要することから、発電設備の廃止が行われる場合には国において事前に把握することで、時間的余裕を確保する必要性が指摘されていました。このような観点から、従来の電事法においては発電事業者が個々の発電設備を廃止する場合には事後の届出でよいとされていましたが[2]、令和4年省エネ法等改正法により事前届出制度に変更されることとされています。

（2）電力の卸売・小売とカーボンニュートラル

ア　温対法の事業者のメニュー別排出係数

　温対法では、温室効果ガスを相当程度多く排出する者は、自らの温室効果ガスの排出量を算定して国に報告する義務がありますが、その際に、「他人から供給された電気の使用に伴う二酸化炭素の排出量」を算定することとされています。この算定のために、小売電気事業者等では、電力メニューごとのCO_2排出係数の算定・報告・公表が行われており、需要家が小売電気事業者等とその料金メニューを選択する際に考慮する動きが広がっています。

　かかる動きのもと、需要家が再エネ電力の調達を行う取組みが拡大しています（➡第2章1（18頁）参照）。

イ　エネルギー供給構造高度化法

　エネルギー供給構造高度化法では、小売電気事業者は一定比率以上の非化石電源の調達が求められています。具体的には、年間販売電力量が5億kWh

---

2　電事法27条の27第3項および1項3号

温室効果ガス排出量の算定において用いられる排出原単位とは、排出係数と同様の意味を有します。排出原単位／排出係数とは、ある一単位あたりの活動量（例：電気の使用量、貨物の輸送量）から排出される温室効果ガスの量を意味します。

そして、温室効果ガス排出量は、基本的に、

「活動量×排出原単位（排出係数）」

によって計算されます。

各企業が区々の排出原単位を用いては算定の意味がないため、たとえば、温対法に基づく算定・報告・公表制度における排出原単位は環境省のウェブサイトで公表されているものが用いられます。

以上の小売電気事業者は、国が定めた判断基準に記載の目標を達成するための計画を経済産業大臣に提出することが義務づけられるとともに、判断基準に照らして著しく不十分である場合には、勧告・命令・罰金等の対象になる可能性があります[3]。2030年度の目標達成に向けて、2020年度以降は毎年度、事業者ごとの中間目標値の設定と評価が行われています。

かかる規制を踏まえ、小売電気事業者による非化石証書の購入が拡大しています（➡第2章1（18頁）参照）。

ウ　需給ひっ迫と市場／インバランス料金の高騰

㋐　昨今の電力の需給ひっ迫と市場価格・インバランス料金の高騰

国内では、2020年12月から2021年1月にかけて、想定を超える寒波による需要増とLNG在庫不足等に起因した未曾有の電力の需給ひっ迫が生じ、JEPXでは価格の高騰と継続的な売り切れが発生しました。JEPXスポット

3　なお、令和4年省エネ法等改正法による改正後のエネルギー供給構造高度化法においては、水素・アンモニアが非化石エネルギー源に追加されるとともに、CCS（二酸化炭素回収・貯蔵技術）が設置された火力発電はエネルギー源の環境適合利用に資するものと位置づけられ、その利用が促進されています。

市場では、それまで年平均10円/kWh 未満の価格で推移していたシステムプライスが一時最高で250円/kWh を超える事態となり、（JEPX 価格と連動していた）インバランス料金も同様に高騰したことから、これらによって電力の調達を JEPX に依存していた多くの新電力の経営に大きな影響が生じ、倒産に至る小売電気事業者も現れています。

　また、2021年度においては、世界的な電力の需給ひっ迫・燃料価格の高騰が生じています。特に、欧州においては天然ガスや他の化石燃料価格の高騰を受けて卸電力市場の価格が高騰しており、英国においては多数の中小エネルギー供給事業者が破綻するなど、不安定な状況となりました。日本においても、2021年秋口以降、JEPX スポット市場や電力先物の価格は上昇傾向で推移しました。また、2022年 3 月には初の「電力の需給ひっ迫警報」が政府により東京エリアおよび東北エリアに発令されました。

　これらの事象は、コロナ禍からの経済回復、異常気象、地震による火力発電所の稼働停止、ウクライナ情勢の緊迫化等の様々な要因により生じたものではありますが、世界的な脱炭素の推進による上流投資の減少・寡占化も大

図表 3‐2：2021年度の電力の市場価格の高騰

日本のスポット市場の価格推移（日平均、システムプライス）

(/kWh)	9月	10月	11月	12月	1月	2月	3月※
平均	7.9円	12.1円	18.5円	17.3円	21.9円	20.6円	27.8円
(最高)	13.0円	50.0円	70.0円	80.0円	80.0円	80.0円	80.0円

※3月23日までの平均・最高

欧州各国のスポット市場の価格推移（日平均）

(/kWh)		9月	10月	11月	12月	1月	2月	3月※
英	平均	29.1円	27.6円	28.5円	37.6円	28.1円	24.9円	40.3円
	(最高)	385円	185円	308円	231円	179円	59.2円	99.2円
伊	平均	20.5円	28.0円	29.0円	35.8円	28.5円	26.2円	41.9円
	(最高)	33.1円	48.0円	49.7円	68.8円	51.5円	45.0円	90.3円
西	平均	20.1円	25.8円	25.0円	30.9円	26.0円	25.8円	38.5円
	(最高)	28.5円	41.2円	39.9円	52.8円	38.8円	45.2円	99.3円

※3月23日までの平均・最高
※イギリスについては、1GBP=153.8円で換算
※その他の国については、1€=129円で換算
※（出典）NORDPOOL、ENTSO-E Transparency Platform

イギリス　イタリア　スペイン

出典：資源エネルギー庁「直近の電力需給・卸電力市場の動向について」（https://www.meti.go.jp/shingikai/enecho/denryoku_gas/denryoku_gas/pdf/046_03_02.pdf）30頁 より抜粋

きな背景の１つになっているところです。このため、カーボンニュートラル
を推進する上では、需給ひっ迫・価格高騰リスクをいかにコントロールする
かが重要な課題になると考えられます。また、電気事業の実務に多大な影響
を与えている事象であり、再エネ発電事業を含めて電気事業を実施する上で
は十分に理解することが必要な事情となっています。

(イ) **国による対応**

　このような状況を受け、2020年度冬季以降、国においては需給対策・市場
価格対策の両面から、図表3‒3に記載するような様々な施策が講じられて
います。

図表3‒3：2020年度冬季以降の需給対策・市場価格対策

①需給対策	②市場価格対策
(i) 広域機関による電力需給の見通し (kW・kWh) の確認及びkW・kWhひっ迫への対応	(i) 電力スポット市場等の価格高騰時における大手電力事業者に対する監視及び情報公開
(ii) 燃料ガイドラインの策定	(ii) ヘッジの活性化 ・相対取引・自社電源 ・先物市場（TOCOM、EEX、CME） ・先渡市場 ・ベースロード市場 ・小売電気料金の工夫 ・DR等
(iii) 一般送配電事業者による「でんき予報」の改善	(iii) 市場のセーフティネット ・インバランス価格の上限の設定 ・インバランス料金の分割払いの特例（2020年度冬季）
(iv) 一般送配電事業者による追加供給力の公募	(iv) リスクマネジメントガイドライン及び参考事例集の策定
(v) 電力・ガス需給と燃料調達に関する官民連絡会議	(v) 小売電気事業者・地域新電力向け勉強会
(vi) 電気事業者・自家用発電設備の保有者に対する要請	

出典：資源エネルギー庁ホームページ（https://www.enecho.meti.go.jp/category/electricity_and_gas/electricity_measures/winter/index.html）をもとに筆者ら作成

また、2022年度以降は新たなインバランス料金の算出方法が導入されています。具体的には、インバランス料金が実需給の電気の価値（電気を供給するコストや需給の状況）を適切に反映し、需給調整の円滑化に向けた適切なインセンティブとなるように、①（JEPX価格ではなく）インバランスを埋めるために用いられる調整力の限界kWh価格をベースに、②需給ひっ迫による停電リスクのコスト等による補正を行って、インバランス料金を算出する制度が導入されています[4]。

（3）電力ネットワークの次世代化

　送配電網の必要性は電気という商材の大きな特徴の1つです。近時は、オンサイト供給も増加していますが、電力供給の大部分は、やはり送配電網なしには成立し得ません。

　日本の送配電網は、各電力会社のエリアごとに、需要地と大規模電源を結ぶ形で形成されてきた経緯から、必ずしも再エネ電源の導入に適した設備形成とはなっていませんでした。このため、再エネ電源の導入拡大に伴い、系統制約（➡コラム⑫〈系統・系統制約〉（88頁）参照）が顕在化し、数多くの再エネ案件において費用、期間、経済性等の面での大きなボトルネックとなってきました。カーボンニュートラルの達成に向けて再エネ電源を最大限導入するためには、このような課題を抜本的に解決することが必要であることから、「電力ネットワークの次世代化」として種々の制度改正が進められています。

ア　送配電網の新設・増強—マスタープランの策定

　送配電網の形成は、従来は発電事業者からの要請につど対応する「プル型」と呼ばれる方式が採られていましたが、それでは非効率なつぎはぎの送配電設備の形成を防止するのが難しい状況でした。そのため、全国大での最適な送配電設備形成のために、対象地域における電源開発のポテンシャルも

4　また、インバランス料金が電力市場の価格にも適切に反映されるように、タイムリーな公表の仕組みとして、「インバランス料金情報公表ウェブサイト」（https://www.imbalanceprices-cs.jp/）が新設されています。

コラム ⑪　計画値同時同量・インバランス

　発電事業者や小売事業者が送配電網を利用するためには、電力の安定供給のために「計画値同時同量ルール」の遵守が必要です。すなわち、電力の受渡日までに、①小売事業者は、翌日の30分ごとの需要電力量とその調達先の発電事業者等を記載した需要計画・調達計画を、②発電事業者は、翌日の30分ごとの発電電力量とその販売先の小売事業者等を記載した発電計画・販売計画を、それぞれ送配電事業者に提出することとされています。発電事業者および小売事業者は、これらの計画値に実際の発電・販売電力量または需要・調達電力量を一致させることが求められています。これは、2016年の小売全面自由化以降に導入されたもので、それまでは、「計画値」ではなく「実需」との同時同量（30分ごとの需要量と発電量の同時同量）が求められていましたが、小売全面自由化以降は、発電と小売のライセンスが分化されたこと等を踏まえ、制度変更がなされました。

　発電・販売計画または需要・調達計画に記載された電力量と、実際に発電・販売または需要・調達される電力量との間に差異が生じた場合には、送配電事業者が、かかる差異を調整するために確保している電源（調整力）から不足分の電力を補給し、または余剰分の電力を買い取ることによって、計画値と実際の電力量とを調整する対応がなされます（電力需給バランスが保たれていないと、電気の周波数が乱れてブラックアウト等の問題を引き起こすためです。）。このように、計画値と実際の電力量との間に差異が生じることをインバランスといいます。インバランスが生じた場合、調整に要した費用に計画遵守インセンティブを加味した料金（インバランス料金）が、インバランスを発生させた事業者と送配電事業者の間で精算されることになります。

電力の送配電網は、「電力ネットワーク」あるいは「系統」とも呼ばれます。

電気は、基本的には送配電設備を介して供給されますが、送配電設備に起因する事由により発電設備の設置や発電に制約が生じることがあり、この支障を「系統制約」といいます。系統制約には、①エリア全体の需給バランスによる制約（一般送配電事業者等の供給エリア単位で需給バラ

図表3‑4：日本の系統図

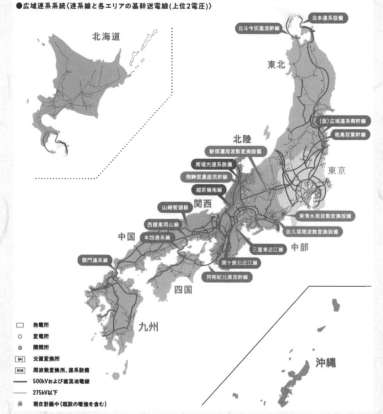

出典：広域機関ホームページ (https://www.occto.or.jp/occto/about_occto/anteikyokyu.html) より抜粋

> ンス維持のため、需要を上回って発電された電力を抑制する必要があるという制約）、②送配電設備の容量の制約（既設の送配電設備の容量には限界があり、増強するにはコストや時間がかかるという制約）があると大別されています。
>
> 　再エネ発電設備の可及的導入や再エネ電力の有効活用のため、これらの制約への対策として、電力ネットワークの次世代化が進められています（➡第3章1⑶（86頁）参照）。

考慮して計画的に送配電設備の整備を進める「プッシュ型」への転換が図られています。

　プッシュ型を全国大で進めるための仕組みとして、マスタープラン（広域系統長期方針）が挙げられます。これは、広域機関が策定する送配電ネットワーク整備のグランドデザインであり、中長期的な視野から偏在する再エネ電源のポテンシャルを電気事業の広域的運用により活かすこと等を趣旨として、2021年5月に中間整理が行われました。今後、2022年度中を目途に策定

図表3‑5：マスタープラン中間整理の概要

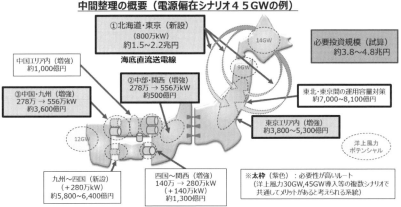

出典：資源エネルギー庁「電力ネットワークの次世代化（2050年カーボンニュートラルに向けた送配電網のバージョンアップ）」（https://www.meti.go.jp/shingikai/enecho/denryoku_gas/saisei_kano/pdf/039_03_00.pdf）12頁より抜粋

および公表が目指されています（その後もエネルギー政策の進展等を踏まえて随時改定予定）。また、マスタープランに基づいて行われる送配電設備の増強については、その費用は、特定の事業者の負担とするのではなく、全国で調整する（たとえば、再エネ特措法上の系統設置交付金（賦課金）などを用いる）ことが予定されています[5]。

イ　既存送配電網の有効利用

㋐　ノンファーム型接続

　再エネ導入拡大に必要な送配電網の増強には一定の時間を要することから、早期の再エネ導入を進めるための方策として、「ノンファーム型接続」の適用が進められています。

　「ノンファーム」とは、「『ファーム（firm）＝固定』ではない」という意味で、従来の（ファーム型）接続と対置されるものです。従来のファーム型接続では、送配電網の混雑を生じさせないことを前提に、十分な（保守的な）空き容量が確保できる範囲で系統接続を認めていました。しかしながら、この方法の場合には、既存の送配電設備に十分な空き容量がないと設備増強が必要になるところ、再エネ発電案件の増加等に伴ってその費用の高額化および工事の長期化が生じることが大きな問題となっていました。「ノンファーム型接続」は、このような状況を踏まえて導入が進められているもので、送配電網の混雑が生じることを前提に、混雑時の出力制御を条件として、送配電網の増強工事なくして新規に送配電網への接続を許容する方策をいいます。

　2019年9月に系統制約の大きな地域であった千葉エリアにおいて試行的に実施され、2020年1月から東北北部エリアや鹿島エリアでも実施され、2021年1月からは全国の空き容量のない基幹系統（ならびに接続するローカル系統および配電系統）に適用が開始されました。今後は、より広範な基幹系統、ローカル系統、配電系統へもノンファーム型接続を拡大していくことが予定されています。

5　また、各一般送配電事業者が策定する計画に従ったローカル系統の増強等についても、特定の受益者となる発電事業者が存在しないことから、原則として全額一般負担とされています。

図表3‐6：ノンファーム型接続の適用電源のイメージ

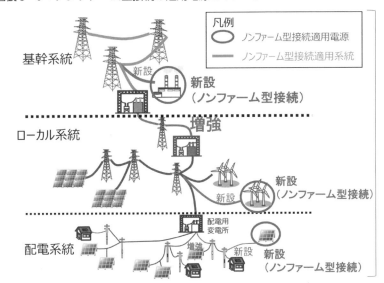

出典： 広域機関「系統の接続ルールについて～ノンファーム型接続～」(https://www.occto.
or.jp/grid/business/documents/matome.pdf) 6頁より抜粋

　ノンファーム型接続を行う場合、系統増強にかかる費用・時間を削減でき
る一方で、平常時、送変電設備の設備停止作業時、需給バランス維持の必要
時といった場面における系統混雑等の際にファーム電源よりも多くの出力抑
制を受けること等の不利益があるため、事前に十分にリスクの検討を行うこ
とが重要になります[6]。

(イ) 出力抑制ルールの高度化（オンライン化・再給電方式）

　太陽光・風力発電の増加に伴い、自然要因による出力の変動が拡大し、送
配電網における需給バランスの維持のために発電設備への出力抑制が発動さ
れる事例が増化しています。再エネ電源への出力抑制は、その収入に直接の
影響を与えるため、再エネ発電設備の投資検討にあたって重視されており、

6　ノンファーム型接続を行う場合には、接続契約の申込みにあたって同意書の提出が必
　要になります。同意書のフォームは公開されており、リスクの検討にあたって有用です
　（広域機関「系統の接続ルールについて～ノンファーム型接続～」https://www.occto.
　or.jp/grid/business/documents/matome.pdf）。

頻繁な出力抑制は投資の妨げになると考えられています。このため、再エネ発電設備への出力抑制の低減が重要な課題となっています。

　その施策の１つとして、出力制御の効率化・高度化があり、具体的にはFIT制度下の再エネ発電設備の出力抑制のオンライン化が進められてきました。他方で、引き続き一定のオフラインの再エネ発電設備が存在する状況であるため、本来はオフラインの再エネ発電設備を保有する事業者（オフライン事業者）が行うべきであった出力抑制を、オンライン化されている再エネ発電設備を保有する事業者（オンライン事業者）が代わりに実施する「オンライン代理制御」が2022年４月１日から導入されています。この制度のもとでは、出力抑制の実施はオンライン事業者が行うものの、FIT制度における調達価格に関しては、（本来の想定どおり）オフライン事業者が出力抑制を行い、オンライン事業者は発電したものとみなして支払いを行うこととされます。

　また、従来の系統利用ルールは、全電源共通で接続契約申込み順に接続容量を確保するという「先着優先ルール」が採用されてきました。このルールは、系統利用者の決定方法として公平・透明であり、かつ一度確保した系統

図表 3‐7：再給電方式の仕組み

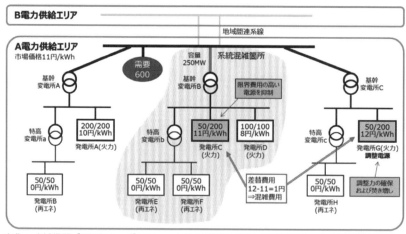

出典：広域機関「2050年カーボンニュートラル実現に向けた系統利用ルールの見直しについて（2022年12月再給電方式の導入）」（https://www.occto.or.jp/access/oshirase/files/220125_saikyuden_donyu.pdf）9頁より抜粋

枠が後行者によって覆されないことにより電源投資の予見性確保に資するメリットがあります。もっとも、今後ノンファーム型接続を行う再エネ電源が増加すると、安価かつCO_2排出のない再エネ電源が、非効率な既存化石電源に劣後し、多くの出力制御を受けるといった事態が生じることになります。このような問題意識から、社会コストの低減のため、系統が混雑し出力制御が必要な場合に、経済性の低い電源から順に抑制されること（メリットオーダーを実現すること）を企図して、「再給電方式」が今後実施される予定です。

「再給電方式」は、一般送配電事業者が混雑系統および非混雑系統の電源に対して、同量の下げ指令および上げ指令を出すことで系統混雑を解消する方式です。2022年12月下旬以降の当面は一般負担のもと、一般送配電事業者が確保した調整電源を用いて実施することが予定されています。もっとも、2023年中には、調整電源以外の電源にまで拡大が予定されており、さらには市場メカニズムを用いた方式への移行についても議論が進められています。

ウ　分散型エネルギーシステムへの対応

分散型エネルギーシステムとは、比較的下位の系統において、地域に存在する太陽光・風力等の発電設備、蓄電池、各家庭の電気自動車（EV）といった分散型エネルギーを統合・一体運用するシステムをいいます。再エネの可及的な導入という観点からは、このような地域に存在する小規模なリソースを活用することも重要であり、かつ、系統の有効利用にも資することから、近時期待が高まっている分野です。

電事法上、分散型エネルギーシステムを支える制度として、従前からある特定送配電事業[7]、特定供給[8]、自己託送（➡第2章1⑷ウ（29頁）参照）に加え、配電事業および特定卸供給事業（➡本章1⑷イ（96頁）参照）が2022年4月1日から新設されています。これらの各制度の特徴や留意点の整理・事例

7　特定送配電事業は、大規模宅地、商業施設、工業団地等の開発時など、新規の街区等の面的開発時に、自らが維持・運用する送電用および配電用の電気工作物により特定の供給地点において小売電気事業者等に託送供給を行う事業とされています（電事法27条の13、手引き8頁）。

8　特定供給は、コンビナート等において発電した電気を密接な関係を有する他の者の工場や子会社等に供給する事業を認める制度とされています（電事法27条の33、手引き12頁）。

図表 3-8：分散型エネルギーシステム事業を取り巻く環境のイメージ

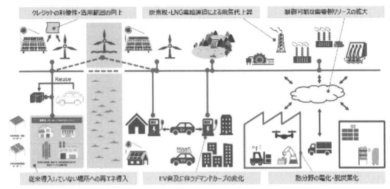

出典：資源エネルギー庁「分散型エネルギーシステムへの新規参入のための手引き」(https://
www.enecho.meti.go.jp/category/electricity_and_gas/electric/summary/regula-
tions/pdf/bunsan.pdf) 5頁より抜粋

の紹介を行い、導入を後押しするために、資源エネルギー庁が「分散型エネ
ルギーシステムへの新規参入のための手引き」（以下「手引き」といいます。）
を策定しており、ストラクチャーの選択にあたって参照することが有用です。

（4）蓄電池と DR

ア 蓄電池

　電力供給はその特性上、需要と供給のバランスを保つことが必要ですが、
気象条件により発電量が変動する太陽光等の再生可能エネルギーの導入拡大
に伴い、電力の供給が需要に対し過多になる時間が発生し、再生可能エネル
ギーの出力制御が行われることがあります。この出力制御の急増を解消する
ための対策の1つとして期待されるのが、蓄電池の活用です。昼間の太陽光
等による発電の余剰電力を用いて蓄電し、夕方以降に放電することで、需給
バランスを改善し、これにより再生可能エネルギーの出力を制御せずに有効
活用できるようになることから、カーボンニュートラルの実現にあたって導
入の拡大が大きく期待されています。

(ア) 適用される規制法

　蓄電池は、需要場所や変電所、発電所に併設されてきたほか、送配電網に

直接連系する例がありましたが、これまで、電事法上の位置づけが明確ではありませんでした。しかし、令和4年省エネ法等改正法による電事法の改正により、大型（合計10,000kW超）の蓄電池から放電する事業は、発電事業に位置づけられることとされています。

　保安面でも、蓄電池はこれまで、単独で設置されることはないという前提のもと、附属する設備の一部として規制されてきましたが、単独で設置される蓄電池については、新たに独立して保安規制を定めるべく、検討が行われているところです。

(イ)　**蓄電池を用いたビジネスの実務等**

　蓄電池は、その設置位置や管理方法により、FIT制度・FIP制度（➡第2章1⑵（19頁）参照）上の取扱いや託送料金の負担等が異なります。

　蓄電池を再エネ発電設備に併設する場合（図表3-9の①）、蓄電池から放電した電気をFIT制度およびFIP制度の対象とするためには、FIT／FIP電気が送配電網由来の電気と分別可能なように区分計量をする必要があります。事後的に蓄電池を併設する場合でも、区分計量が可能であれば、認定発電設備のFIT調達価格／FIP基準価格の変更事由とはなりません。

　蓄電池を送配電網に単独で接続する場合（図表3-9の②）、充電時には需要家として、放電時には発電事業者として、それぞれ送配電網を利用することになりますが、一般送配電事業者の託送供給等約款上、託送料金の対象は、蓄電ロス（充電に係る電力量から放電に係る電力量を控除したもの）分と放電分のみとする特別措置がとられています。

図表3-9：蓄電池の設置イメージ

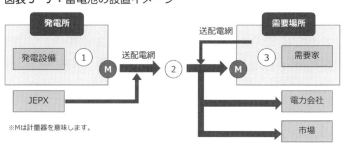

※Mは計量器を意味します。

イ DR、VPP

カーボンニュートラルの実現にあたって、再生可能エネルギーの有効活用や需給ひっ迫の緩和に資する技術として活躍が期待されるものとしては、ディマンドリスポンス（DR）とバーチャル・パワープラント（VPP）も挙げられます。これらは、「需要を所与のものとして、需要に合わせた供給（特に、火力発電設備等の、需要変動に対応できる高コストな大型電源による供給）を行う」というこれまで行われてきた電力需給バランス手法に変容を加えるもので、需要および供給それぞれを IoT 技術なども利用して適切に制御・集積することで、取引可能な価値を創出し、より経済的かつ効率的な需給バランスの達成に資するものです。

ディマンドリスポンス（DR：Demand Response）とは、需要場所の計量器の先にある設備（需要家が保有する自家発電設備等の発電設備、電気自動車や蓄電池等の蓄電設備および業務用機械等の負荷設備があり、「需要家側エネルギーリソース」と呼ばれます。）の利用を制御することで、電力需要パターンを変化させることをいいます。つまり、需要を所与のものとするのではなく、需要自体を変えようとするものです。また、バーチャル・パワープラント（VPP：Virtual Power Plant）は、DR、送配電網に直接接続されている発電設備（特に、蓄電池や自然状況によって発電量が左右される再エネ発電設備）などを統合的に制御し、その制御量を集積することで、全体として発電所と同等の機能を提供すること（取引可能な電力として供給すること）をいいます。

DR は、需要制御のパターンによって、需要を減らす「下げ DR」（例：需要家側における空調や生産設備の使用停止、蓄電池からの放電）と需要を増やす「上げ DR」（例：需要家側における空調や生産設備の使用、蓄電池への充電）があり、また、事前の契約に基づき対価と引き換えに需要を減らす下げ DR は「ネガワット取引」と呼ばれています。ネガワット取引は、さらに、小売電気事業者が計画値同時同量達成のために需要抑制量（ネガワット）を調達するもの（類型1）と、一般送配電事業者が需給調整のために需要抑制量を調達するもの（類型2）に分けられ、その内容は図表3-10のとおりです。

DR や VPP の実施のためにエネルギーリソースを統合制御し、需要家に

図表 3-10：ネガワット取引の類型

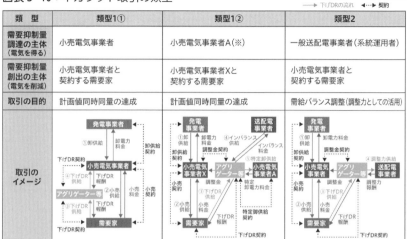

※小売電気事業者A社：需要抑制量調達の主体となる小売電気事業者とは別の事業者（図を参照）

出典：資源エネルギー庁「エネルギー・リソース・アグリゲーション・ビジネス ハンドブック」
（https://www.enecho.meti.go.jp/category/saving_and_new/advanced_systems/
vpp_dr/files/erab_handbook.pdf） 8頁より抜粋

対する需要パターンの変化の指示を行う事業者をアグリゲーターといいます。アグリゲーターは、その集約する電気の規模が1MWを超えると見込まれることなどの一定の要件を満たす場合には、電気法上、特定卸供給事業として事前届出の対象となり、サイバーセキュリティーの確保等の規制対象となるため留意が必要です。

　なお、DRは、令和4年省エネ法等改正法における省エネ法の改正においても、重要な施策の1つと位置づけられています。具体的には、改正省エネ法では、出力制御時への需要シフトや需給ひっ迫時の需要減少を促すために、従来の「電気需要平準化」を一歩進めて「電気需要最適化」が求められ、需給状況に応じて省エネ法上のエネルギー使用量が加重または削減することを通じて、DRの活用が省エネであると評価される仕組みがとられています。

図表 3–11：VPP のイメージ

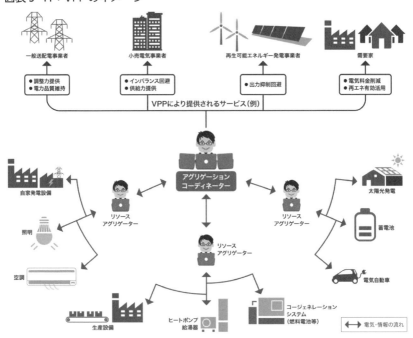

出典：資源エネルギー庁「エネルギー・リソース・アグリゲーション・ビジネス ハンドブック」
（https://www.enecho.meti.go.jp/category/saving_and_new/advanced_systems/
vpp_dr/files/erab_handbook.pdf）2 頁より抜粋

2 再エネ発電事業とカーボンニュートラル

（1）再エネ導入の現状と主力電源化

　再生可能エネルギーは、燃焼時に温室効果ガスを排出しないゼロエミッション電源であるとともに、国内生産が可能であることから、エネルギー安全保障にも寄与する重要な電源です。

　第 6 次エネルギー基本計画においても、再エネ主力電源化を徹底することが示されるとともに、2030年度の温室効果ガスを2013年度比で46％削減するという政府目標を達成するため、同年度の電源構成に占める再エネ比率を36

～38％程度（合計3,360～3,530億kWh程度）とすることが目標とされています[9]。

　もっとも、2019年度における再エネの全電源に占める割合は18.1％（太陽光発電6.7％、風力発電0.7％、地熱発電0.3％、水力発電7.8％およびバイオマス発電2.6％）[10]に留まっています。再エネ特措法が制定された2011年度の同割合が10.3％（太陽光発電0.4％、風力発電0.4％、地熱発電0.2％、水力発電7.8％およびバイオマス発電1.5％）[11]であったことを考えれば、FIT制度の導入等によって着実に再エネ比率は高まってはいますが、2030年度までに36～38％程度という目標達成に向けた道のりは長いものがあります。再エネ拡大の課題とされる、地域と共生する形での適地確保、事業規律の強化、コスト低減・市場への統合、系統制約の克服、規制の合理化、技術開発の推進等に速やかに対応していくことが必須です。

　さて、再エネの中でもFIT制度の導入以降大きく発電量を伸ばしているのが太陽光発電ですが、既に日本の平地面積あたりの太陽光発電導入量は世界一の水準にまで達しています[12]。再エネ主力電源化に向けて太陽光発電のさらなる導入を図っていくことは不可欠ですが、比較的安価に事業実施ができる適地が少なくなってきている現状の下においては、既存の太陽光パネルと同等以上の性能を確保しつつ、従来の技術では設置困難とされる場所（ビル壁面や耐荷重の小さい屋根等）への設置をも可能とする軽量性・柔軟性を兼ね備えた次世代型太陽電池の開発を進めることといった対応が急務です。

　一方、グリーン成長戦略における重点分野の1つである「次世代再生可能エネルギー」の中で、太陽光と肩を並べるのが洋上風力と地熱です。両者と

9　さらに、グリーン成長戦略において、2050年度には発電量の約50～60％を太陽光、風力、水力、地熱、バイオマス等の再エネで賄うことを、議論を深めていくにあたっての1つの参考値とするとされている点が注目されます。

10　資源エネルギー庁「エネルギー基本計画の概要」（https://www.meti.go.jp/press/2021/10/20211022005/20211022005-2.pdf）12頁参照。

11　資源エネルギー庁総務課戦略企画室「令和元年度（2019年度）におけるエネルギー需給実績（確報）」（https://www.enecho.meti.go.jp/statistics/total_energy/pdf/honbun2019fyr2.pdf）28頁参照。

12　グリーン成長戦略34頁参照。

も、これまでの導入実績こそわずかではあるものの、2050年カーボンニュートラルの実現に向けて、将来的な導入量の増加が期待されています。以下、本章では、再エネ主力電源化に向けて特に期待の大きい洋上風力発電と地熱発電に焦点を当てて、関連する法務の論点を概説していきます。

（2）洋上風力発電プロジェクト

ア　洋上風力発電プロジェクトの現状と展望

　第6次エネルギー基本計画では、洋上風力発電は大量導入やコスト低減が可能であるとともに、大規模な事業では部品が数万点、事業規模も数千億に上るため経済波及効果が大きいことから、再エネ主力電源化の「切り札」として推進していくことが必要であるとされています。洋上風力の産業競争力化に向けた官民協議会が定めた「洋上風力産業ビジョン（第1次）」（2020年12月15日策定）において政府は、今後年間100万kW程度の区域指定を10年間継続し、2030年までに1,000万kW、2040年までに浮体式も含めて3,000万kWから4,500万kWの案件を形成する旨の導入目標を設定しています。

　また、政府は、市場拡大が見込まれるアジア圏での将来的な展開も見据え、

2021年4月に同官民協議会およびNEDOが策定した「洋上風力の産業競争力強化に向けた技術開発ロードマップ」に基づき、競争力強化に向けて必要となる要素技術を特定し、着床式・浮体式それぞれの国内外の動向、日本の特性や強み等を踏まえた次世代の技術開発に取り組むこととしています。さらに、NEDOが推進するグリーンイノベーション基金においても「洋上風力発電の低コスト化」が実施対象事業の1つに掲げられるなど、洋上風力関連産業は今後大きく発展していくことが期待されます。

　もっとも、2021年末時点における日本の洋上風力発電の導入実績はわずか51.6MWに留まっており、欧州にみられるような大規模な本格的洋上風力発電所はいまだ存在しません[13]。2020年時点で、再エネ先進国とされる英国の洋上風力発電の導入実績は10,206MW、ドイツでは7,728MWにまで達していますので[14]、日本における洋上風力発電プロジェクトの進捗は、明らかに遅れをとっています。洋上風力発電施設の開発から運転開始まで数年～10年程度の時間を要することを踏まえ、迅速な案件形成が切望されています。

イ　国内洋上風力発電プロジェクトのフレームワーク

　現行法上、日本の海域において大規模かつ長期間にわたる洋上風力発電プロジェクトを実施するための根拠法としては、大きく分けて、①一般海域（領海および内水のうち、漁港区域、港湾区域、海岸保全区域など個別法の定めがある区域外の海域）を対象とする再エネ海域利用法と②港湾区域を対象とする港湾法の2つがあります。

　なお、前記①に関連して、領海とは、領海の基線[15]からその外側12海里（22.224km）の線までの海域をいい、内水とは領海の基線の陸地側の水域を指し、どちらも沿岸国の主権が及ぶ水域です（図表3-12参照）。領海の外側

13　一般社団法人日本風力発電協会ウェブサイト（https://jwpa.jp/information/6225/?msclkid=7463ed12ae9311ec973dfde97a5064fc）。なお、国内最初の商業化案件（合計約140MW）である秋田港・能代港の着床式洋上風力発電プロジェクト（港湾案件）が、2022年内に運転開始予定です。

14　Global Wind Energy Council「Global Wind Report 2021」53頁参照。

15　領海法により、原則として、低潮線、直線基線および湾口もしくは湾内または河口に引かれる直線をいいます（同法2条）。

図表 3-12：日本の領海等の概念図

※排他的経済水域および大陸棚に関する法律 2 条 2 号が規定する海域
出典：海上保安庁ウェブサイト（https://www1.kaiho.mlit.go.jp/JODC/ryokai/ryokai_setsuzoku.html）をもとに筆者らが※部分を追加

である接続水域、排他的経済水域や公海等は一般海域に含まれませんので、比較的陸地に近い海域で洋上風力発電プロジェクトが実施されることになります。

　再エネ海域利用法は、洋上風力発電の普及拡大に向けて一般海域の海域利用ルールを整備することを目的に、2019年 4 月 1 日に施行された法律です（➡コラム⑭〈再エネ海域利用法の制定経緯〉（104頁）参照）。他方、港湾区域に関しては、2016年 7 月に施行された改正港湾法により導入された占用公募制度により、長期間にわたる洋上風力発電プロジェクトの実施を可能としています。

　洋上風力発電プロジェクトに関する再エネ海域利用法と港湾法の大まかな

図表 3-13：再エネ海域利用法上の制度と港湾法上の占用公募制度の比較

再エネ海域利用法		港湾法
一般海域	対象海域	港湾区域[※1]
公募手続	事業者選定	公募手続
国 （経済産業大臣および国土交通大臣）	公募手続の主体	港湾管理者
最長30年	占用期間	最長30年
長崎県五島市沖、秋田県能代市・三種町および男鹿市沖、秋田県由利本荘市沖（北側・南側）、千葉県銚子市沖、秋田県八峰町および能代市沖（以上、促進区域に指定済みの案件[※2]）	進行中の案件	稚内港、石狩湾新港、むつ小川原港、能代港・秋田港、酒田港、鹿島港、御前崎港および北九州港[※3]

※1　なお、国土交通省港湾局は、2016年7月に「港湾における洋上風力発電の占用公募制度の運用指針 Ver.1」を策定・公表しています。

※2　2022年3月31日現在、有望区域として整理されているのは、青森県沖日本海（北側）、青森県沖日本海（南側）、長崎県西海市江島沖、秋田県男鹿市・潟上市・秋田市沖、山形県遊佐町沖、新潟県村上市および胎内市沖、千葉県いすみ市沖の計7区域、一定の準備段階に進んでいる区域として整理されている区域も10あります。経済産業省ウェブサイト（https://www.meti.go.jp/press/2021/09/20210913004/20210913004.html）参照。

※3　国土交通省ウェブサイト（https://www.mlit.go.jp/kowan/kowan_tk4_000007.html）参照。

制度概要を比較したものが図表3-13です。

　一般海域および港湾海域の双方について、今後洋上風力発電プロジェクトの導入が進展していくものと期待されますが、以下では、導入ポテンシャルがより大きいと考えられる再エネ海域利用法に基づくプロジェクトを念頭において、洋上風力発電プロジェクトに関する法務の諸論点を詳しく解説していきます。

ウ　再エネ海域利用法に基づく公募手続の流れ

㋐　促進区域の指定

　再エネ海域利用法は、政府が定めた基本方針に基づいて経済産業大臣および国土交通大臣が指定した「海洋再生可能エネルギー発電設備整備促進区域（促進区域）」に関し、発電事業を実施する主体を公募により選定することを基本としています。そのため、事業者の観点からみれば、意図するプロジェ

コラム⑭ 再エネ海域利用法の制定経緯

　限られた数ではありますが、再エネ海域利用法施行前においても、実証実験レベルのものを中心に、一般海域において小規模な国内洋上風力プロジェクトが進められてきました。これらは、国有財産法に基づく都道府県による第1号法定受託事務として、各都道府県の海域管理条例や公共用財産管理規則等に基づく占用許可を得て実施されたものでした。しかし、こうした占用許可は、概ね3～5年間を最長期間とするもので、更新はあり得るにしても長期的な事業を実施するにあたっては予見可能性が低く、プロジェクトファイナンス等による長期の資金調達が困難であったこと、漁業者に代表される先行利用者との利害調整に係る枠組みが不十分であったこと、公募手続を前提としないため価格競争を促す制度ではなかったこと等の問題があり、大規模かつ長期間の事業に適しているとは言い難い面がありました。

　再エネ海域利用法は、こうした課題に対処すべく、①国による促進区域の指定を前提とする公募による事業者選定制度を導入して海域利用に関する統一的ルールを定め、占用期間も最長30年と民間投資を促すにあたって十分といえる期間とし、②協議会の設置に向けた仕組みや関係省庁との協議の機会を導入することで利害関係者との利益調整の枠組みを透明化するとともに、③公募による事業者選定に際して公募参加者に供給価格を提示させることで価格競争を促進する仕組みを採用しています。

　なお、再エネ海域利用法の施行後も、都道府県条例に従って占用許可を得て洋上風力発電施設を設置することが全面的に否定されているわけではないものの、促進区域指定ガイドラインは、計画的・継続的に洋上風力発電を促進することの重要性等を理由に、一定規模以上の発電設備が設置可能である区域や今後促進区域として指定される可能性のある区域については、原則、都道府県条例に基づく占用許可により実施するのではなく、再エネ海域利用法に基づき、国と都道府県が連携して進めることが適切としています。

クト対象区域が国によって促進区域に指定されない限り、当該対象区域において再エネ海域利用法に基づく洋上風力発電事業を実施することはできません。

　促進区域として指定されるためには、同法8条1項各号の基準に適合することが求められますが、その指定に至るまでには、段階的なプロセスを踏む必要があります（図表3-14参照）。

　まず、国は、都道府県からの情報提供も受けながら、気象・海象等の自然的条件や漁業関係者等の利害関係者との調整状況等に関する情報を収集し、第三者委員会の意見も踏まえて、早期に促進区域に指定できる見込みがある区域を「有望な区域」と整理します[16]。「有望な区域」として選定されるためには、少なくとも、関係漁業団体を含む協議会において地元関係者との利

図表3-14：促進区域の指定に至る手続の概要

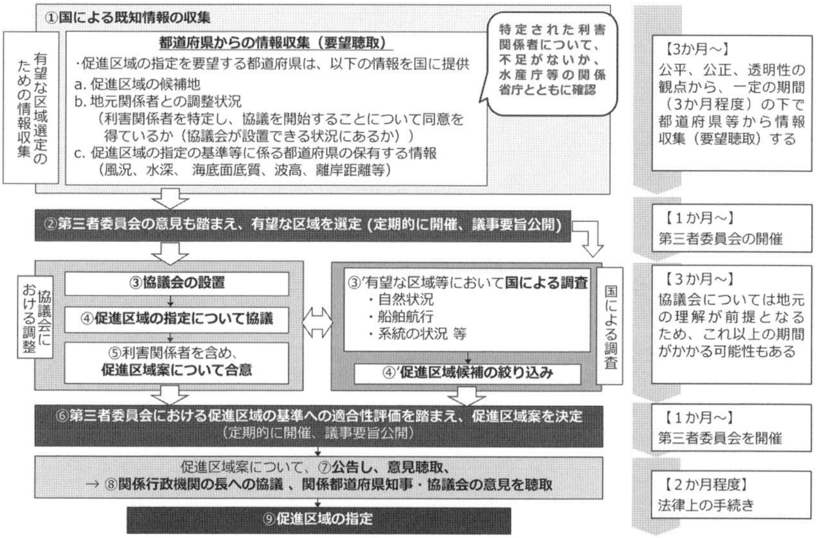

出典：経済産業省資源エネルギー庁・国土交通省港湾局「洋上風力発電の導入促進に向けた取組」
　　　（https://www.8.cao.go.jp/kisei-kaikaku/kisei/conference/energy/20210921/
　　　210921energy05.pdf）6頁をもとに筆者ら作成

16　さらに、将来的に有望な区域となり得ることが期待される区域を「一定の準備段階に進んでいる区域」として整理しています。

害調整が可能な程度に地元の受入体制が整っており、かつ、促進区域の指定の基準に適合する見込みがあるものとして、①促進区域の候補地があること、②利害関係者を特定し、協議会[17]を開始することについて同意を得ていること（協議会の設置が可能であること）および③区域指定の基準に基づき、促進区域に適していることが見込まれることという要件を満たす必要があります[18]。「有望な区域」に指定された海域に関しては、協議会が設置され、促進区域の指定に向けた協議が開始します。促進区域の指定は、協議会の協議が整った上で、国が実施する気象・海象等の自然的条件の調査が完了した区域を対象に、第三者委員会での審査、パブリックコメント手続、関係行政機関の長との協議、都道府県知事や協議会からの意見聴取等を経てようやく行われることになります。

(イ)　**公募手続から海域占用許可**

　促進区域として指定された後の手続としては、以下の流れが想定されています。

①　経済産業大臣および国土交通大臣による公募占用指針の作成・公示

②　公募参加事業者による公募占用計画の作成・提出

③　経済産業大臣および国土交通大臣による公募占用計画の審査・評価および選定事業者の選定ならびに公募占用計画の認定

④　選定事業者による、公募結果を踏まえて定められた調達価格および調達期間に基づく再エネ特措法 9 条による FIT 認定[19]の申請および認定取得

⑤　選定事業者による、認定された公募占用計画に基づく海域占用許可の申

17　協議会は、経済産業大臣、国土交通大臣、関係都道府県知事、農林水産大臣、関係市町村長、関係漁業者の組織する団体その他の利害関係者、学識経験者その他の経済産業大臣、国土交通大臣および関係都道府県が必要と認める者により構成され、協議会の構成員は、協議会において協議が調った事項を尊重する義務を負います（再エネ海域利用法 9 条 6 項）。既存の促進区域に関する公募占用指針では、事業実施に際して事業者が尊重すべき留意事項を記載した「協議会意見のとりまとめ」が添付されています。

18　促進区域指定ガイドライン（https://www.enecho.meti.go.jp/category/saving_and_new/saiene/yojo_furyoku/dl/legal/guideline.pdf）11頁参照。

19　現行制度上は FIT 認定の申請が前提とされていますが、今後公募手続が実施される促進区域に関しては、FIP 制度のみが認められることとなる可能性があります。

請

⑥　国土交通大臣による海域占用許可（最長30年間）の付与

　前記③の公募占用計画の審査・評価に関して、経済産業大臣および国土交通大臣は、同法15条1項に規定する基準に適合している公募占用計画について評価を行い、学識経験者の意見を聴取した上で選定事業者を選定することになります。なお、既存の促進区域に関しては、公募占用計画に記載された供給価格を120点満点、事業実現性に関する要素を120点満点（合計240点満点）として採点し、最も高い得点を得た公募占用計画を提出した事業者を選定事業者として選定しています。後者の事業実現性（120点満点）に関する評価に関しては、さらに、事業実施能力に関する項目（事業の確実な実施および安定的な電力供給）に80点、地域との調整や事業の波及効果に40点が配点されています。そして、従来、公募運用指針においては、「事業実現性に関する評価項目と供給価格の配点は、当初は1：1とすることとし、実績が蓄えられた段階で、欧州の事例も踏まえ、成熟した事業実現性を前提として、供給価格に重点を置いた配点の見直し等を検討する」とされていました。もっとも、秋田県能代市、三種町および男鹿市沖、秋田県由利本荘市沖、千葉県銚子市沖の3海域（2021年12月24日に選定事業者の結果が公表）について、供給価格の評点で他の公募参加者に大きな差をつけた三菱商事エナジーソリューションズ株式会社を中心とする企業連合が選定されました。この結果を受けて公募評価の見直しを求める声が上がり、本書執筆時現在、経済産業省および国土交通省は、評価基準の見直しに着手していますので、今後の動向に注目が集まります。

エ　洋上風力発電プロジェクトを進める上での留意点

㋐　環境影響評価手続（環境アセスメント）

　洋上風力発電所の設置・運営により、騒音[20]、動植物や生態系への影響、水質汚濁、景観の悪化等の環境への影響が想定されます。環境影響評価法上、陸上・洋上を問わず、風力発電所は環境影響評価手続の実施対象事業とされています。一定の小規模な事業を除き、洋上風力発電プロジェクトの実施に

図表3-15：環境影響評価手続の流れ

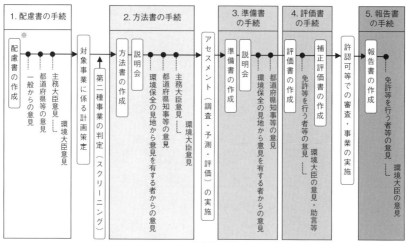

※配慮書の手続については、第2種事業では事業者が任意に実施する。

出典：環境省ウェブサイト（http://assess.env.go.jp/1_seido/1-1_guide/2-1.html）をもとに筆者ら作成

際しては、通常、環境影響評価手続が必要です[21]。

　環境影響評価手続の概要は図表3-15のとおりですが、事業者は、それぞれの段階で、環境大臣、主務大臣、知事や一般からの意見を踏まえ、必要に応じて事業計画等を見直すことになります。

　従来は、風力発電の環境影響評価手続は少なくとも4～5年程度の期間と数億円以上の費用を要するともいわれ、事業者に対する負担の重さが課題として指摘されてきました。また、現状、環境影響評価手続は再エネ海域利用

20　風力タービン運転中の風車のブレード（羽）の回転に伴って生じる低周波音や着床式洋上風力発電施設においては油圧ハンマーを用いた建設作業中のモノパイルの打刻音等が問題となります。民事の観点からは、被害を受ける近隣住民等からの損害賠償請求や差止請求を提起されるリスク（最判平成7年7月7日民集49巻7号1870頁も参照。）、公法・刑事法の観点からは、騒音規制法や各地方自治体の騒音規制条例、環境保全条例等に留意する必要があります。

21　2021年10月末施行の環境影響評価法施行令の改正により、第一種事業については5万kW以上のもの、第二種事業については3万7,500kW以上5万kW未満のものと規模要件が改められました（なお、経過措置については、環境影響評価法施行令の一部を改正する政令（令和3年政令283号）2条を参照。）。

図表3-16：「日本版セントラル方式」のイメージ

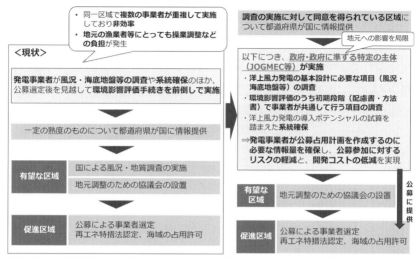

出典：再エネ大量導入・次世代電力ネットワーク小委員会（第37回）資料1「洋上風力の案件形成
の加速化に向けて」（https://www.meti.go.jp/shingikai/enecho/denryoku_gas/saisei_
kano/pdf/037_01_00.pdf）5頁をもとに筆者ら作成

法および港湾法とは別の手続として進められるため、複数の事業者が同一の
海域および港湾区域において環境影響評価手続を実施することとなり、手続
の重複が常態化しているとの指摘もあります。

　現在、国の審議会を中心に、事業者の環境影響評価手続の負担を軽減する
ための方策として、政府または政府に準ずる特定の主体が環境影響評価のう
ち初期段階において事業者が共通して行う項目の調査等を実施する日本版セ
ントラル方式（図表3-16参照）の導入に向けた検討や実証が進められています[22]。

　なお、令和4年省エネ法等改正法によるJOGMEC法の改正（2023年4月
1日施行予定）により、独立行政法人石油天然ガス・金属鉱物資源機構（以
下「JOGMEC」といいます。なお、独立行政法人エネルギー・金属鉱物資源機構
に改称予定です。）の業務範囲に、洋上風力発電のための地質構造調査等の業

22　洋上風力促進ワーキンググループ・洋上風力促進小委員会合同会議（第10回）資料2
　「『日本版セントラル方式』の検討に向けた論点について」（https://www.meti.go.jp/
　shingikai/enecho/denryoku_gas/saisei_kano/yojo_furyoku/pdf/010_02_00.pdf）
　を参照。

務が追加されます。今後、日本版セントラル方式の一部について、同機構が業務を担うことが想定されます。

(イ) 洋上風力発電施設の設置等のための基地港湾制度

洋上風力発電所の開発および運営維持に際しては、ブレード、タワー、ナセルといった重厚長大な発電設備のパーツを搬入・保管・事前組立・積出しするための広大かつ地耐力を備えたヤードをもつ港湾が必要です。また、岸壁前面水域は、着床式発電設備の設置に必要となる自己昇降式作業台船（SEP船）がレグを下ろして作業するための水深と地耐力を備えることも求められます。

しかし、このような作業に対応可能な埠頭を備えた国内の港湾は限られているため、今後洋上風力発電プロジェクトを多数導入していくにあたり、建設作業期間や運営維持の期間、さらに将来的には撤去作業期間が競合する事業者間の港湾利用の調整を図る必要があります。こうした問題に対処するために、2020年2月施行の港湾法改正によって、洋上風力発電施設の設置等のための埠頭貸付制度（基地港湾制度）が創設されました。

同制度の下では、国土交通大臣が一定の要件（港湾法2条の4、港湾法施行規則1条の9、1条の10参照）を満たした港湾を海洋再生可能エネルギー発電設備等拠点港湾（基地港湾）として指定し、国土交通大臣（および港湾管理者）が、発電事業者との間で貸付契約を締結することになります。2022年3月末日時点では、秋田港、能代港、鹿島港および北九州港の4港が基地港湾

図表3-17：複数事業者による基地港湾の利用のイメージ

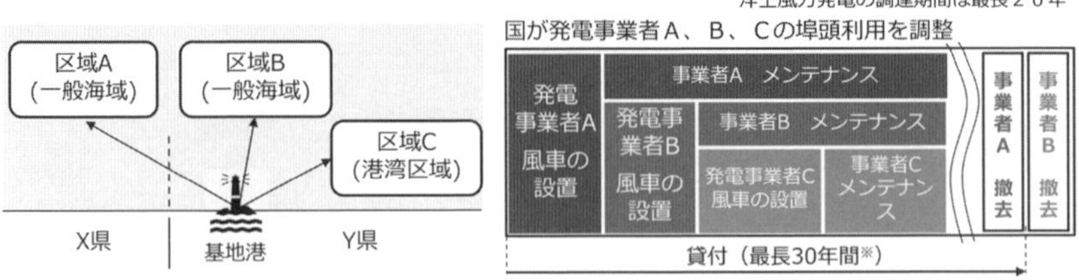

出典：国土交通省「資料2　海洋再生可能エネルギー発電設備等拠点港湾（基地港湾）の指定について」（https://www.mlit.go.jp/policy/shingikai/content/001357592.pdf）2頁をもとに筆者ら作成

として指定されていますが、国土交通省の下に設置された2050年カーボンニュートラル実現のための基地港湾のあり方に関する検討会のとりまとめによれば、洋上風力産業ビジョン（第1次）に掲げる2040年度の導入目標を達成するために必要となる基地港湾の目安として、北海道・東北・北陸エリアでは6～10港（現状は2港）、東京・中部・関西エリアでは3港（現状は1港）、中国・四国・九州エリアで4～6港（現状は1港）が必要になるとの試算も出されています。基地港湾の過度の指定・整備により不要な投資がなされないよう配慮しつつ、基地港湾不足が原因で基地港湾の空き待ちの状態が生じ、洋上風力発電の導入が遅延することがないよう、適切な地域に適切な数の基地港湾が配置されることが望まれます。

なお、国土交通省は埠頭貸付契約の雛型（なお、同案文では、貸付契約の性質は賃貸借契約とされています。）を公表していますので[23]、再エネ海域利用法に基づく公募手続に参加する事業者は、予め同案を検討し、事業者間の権利調整のメカニズム等を理解の上、リスクを整理しておくことが求められます。

㈬ 漁業権者との関係

再エネ海域利用法では、促進区域指定の要件の1つに、発電事業の実施により漁業に支障を及ぼさないことが見込まれることが掲げられており、促進区域指定ガイドライン上も、協議会の構成員たる関係漁業者の了解を得ることが海域占用許可の条件となる（同8頁）とされていますので、関係漁業者の了解を得ることは、洋上風力発電プロジェクトを進めるに際しての不可欠な条件と考えられます[24]。

関係漁業者の了解を求めるべく行動するという観点では、漁業制度を十分に理解した上で、漁業補償や基金の設置等の漁業貢献策のあり方について協議を進める必要があるでしょう。日本の漁業制度は、①自由漁業、②許可漁

23　国土交通省ウェブサイト（https://www.mlit.go.jp/kowan/content/001381153.pdf）を参照。

24　関係漁業者や関係海運業者等との協調・共生方法は公募占用計画の記載事項とされ（たとえば、「長崎県五島市沖海洋再生可能エネルギー発電設備整備促進区域公募占用指針」（以下「五島市沖公募占用指針」といいます。）37頁）、関係漁業者等との協調・共生方法は評価項目の1つとされます（同43頁）。

業および③漁業権漁業に大別されます。比較的沿岸に近い地域に設置されるであろう洋上風力発電プロジェクトとの関係では、特に漁業権漁業との関係が重要と考えられます。

漁業権は、都道府県知事の免許を受けて、一定の水面において排他的に特定の漁業を営む権利であり、さらに(i)共同漁業権、(ii)区画漁業権および(iii)定置漁業権に分類されますが（漁業法60条1項）、いずれもみなし物権として扱われ、土地に関する民法上の規定が原則として適用される点に特徴があります（漁業法77条1項参照）。その結果、漁業権侵害に対しては、物権的請求権たる妨害排除請求権および妨害予防請求権（具体的には、洋上風力発電施設の工事差止請求等）を行使することが可能となります[25]。その他の漁業権侵害に対する救済として、侵害者に対する不法行為に基づく損害賠償請求があり、また、侵害者に対しては、刑事罰（漁業権侵害罪。漁業法195条）が課せられることがある点にも留意が必要です。

なお、公募手続の公平性や廉潔性を確保する観点から、公募占用指針上、公募占用指針が公示された日から事業者選定の通知がなされる日までの間、公募による事業者選定手続の公平性、透明性および競争性を阻害する態様による地元関係者への接触は禁止されており、公募の開始から終了までの間に地元関係者への接触を行い、公募による選定手続の公平性、透明性および競争性を阻害した者は、当該プロジェクトに関する参加資格を剥奪される可能性があり、また、将来の一定期間、再エネ海域利用法に基づく公募への参加が認められないこととなる可能性があります（たとえば、五島市沖公募占用指針62頁、73頁参照）。地元関係者には、協議会の構成員たる漁協の組合員も含まれますので、公募手続中の地元関係者等への接触に関しては、注意を払う必要があります。

---

[25] 傍論ではありますが、自由漁業や許可漁業に関しても、漁業操業が妨害される程度いかんによって妨害排除等の請求をなし得る余地を肯定した下級審裁判例（山口地判岩国支部平成7年10月11日判タ916号237頁）がある点にも留意が必要です。なお、洋上風力発電施設の建築工事差止に関しては、山口地判下関支部平成30年10月2日判例集未登載も参照。

㈐ 洋上風力発電施設の撤去（デコミッショニング）

　事業者は、促進区域内の海域の占用期間が満了した場合など、促進区域内の海域の占用をしないこととなった場合、洋上風力発電施設を撤去する義務を負います。

　海洋施設の廃棄については、海洋環境の保全を目的としたロンドン条約およびその内容を強化した96年議定書によって国際的に規制されていますが、日本もこれらを批准しており、海防法をはじめとする国内法を整備しています。海防法は、海洋施設を海洋に廃棄することを一般的に禁止し、例外的に、環境大臣の許可を受けた場合に限って、海洋施設の海洋廃棄を許容しています。

　「海洋施設」とは、海域に設けられる工作物（固定施設により当該工作物と陸地との間を人が往来できるものおよびもっぱら陸地から油、有害液体物質または廃棄物の排出または海底下廃棄をするため陸地に接続して設けられるものを除きます。）であって政令で定めるものをいいますので（具体的には、海防法施行令１条の７第１項において、①人を収容することができる構造を有する工作物お

図表 3−18：着床式洋上風力発電施設の概念図

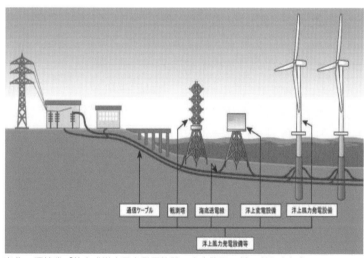

出典： 環境省「着床式洋上風力発電施設の廃棄許可に係る考え方」（https://www.env.go.jp/press/yojofuryoku_kangaekata0930.pdf）15頁より抜粋

および②物の処理、輸送または保管の用に供される工作物とされています。）、洋上風力発電施設（図表 3 -18参照）のうち、海底送電線や海底ケーブル等はこれに該当しませんが、着床式洋上風力発電設備、潤滑油の漏洩の可能性がある洋上変電設備および人を収容する構造を有する観測塔等は「海洋施設」に該当すると考えられます。

　しかしながら、洋上風力発電施設の撤去には、多大な費用がかかることが想定されます。特に着床式洋上風力発電施設に関しては、将来的には風車の大型化が見込まれる中で、海底深くに杭打ちをした基礎部分をすべて撤去するのには大きなコストがかかり、プロジェクトの経済性を悪化させる要因となる懸念があります。設備を海洋に残置することで生じ得る海洋環境への影響、安全面での影響、他の海域利用者への影響等とのバランスを図ることが求められていました。

　2021年 6 月18日に閣議決定された規制改革実施計画[26]を受けて、環境省は「着床式洋上風力発電施設の残置に係る検討会」を設置し、着床式洋上風力発電施設の廃棄許可に関する考え方について検討してきましたが、同年 9 月に、「着床式洋上風力発電施設の廃棄許可に係る考え方」を策定しました。これを受けて、公募占用指針においても、環境大臣の廃棄の許可を受けることなど海防法を遵守することを条件に、撤去の際にその一部を残置することを前提とした公募占用計画の作成を認めるものとされています[27]。ただし、撤去時に環境大臣の許可が認められなかった場合や残置した後に問題が明らかになった場合の責任は事業者が負担するものとされていますので、着床式洋上風力発電設備の基礎部分の一部残置を見込んだ公募占用計画を作成する

---

26 「着床式洋上風力発電施設のうち、海防法の対象施設に該当するものの事業終了後の構造物の取扱いについて、海洋汚染等防止法に照らして認められる海洋環境の保全に十分に配慮した撤去方法の具体的な在り方について、検討会を開催し一定の考え方を示す」旨が記載されていました。

27 海防法に基づいて環境大臣の許可を得て施設の一部を残置する行為は、再エネ海域利用法12条における禁止行為には該当せず、同法10条 1 項の国土交通大臣の許可を要しない（施設として残置する場合は除く。）ものと整理されています（「秋田県由利本荘市沖（北側・南側）海洋再生可能エネルギー発電設備整備促進区域公募占用指針」10頁等を参照）。

場合には、海防法上の残置許可要件を十分に検討した上で、コストを試算する必要があると考えられます。

㈐ 洋上風力発電プロジェクトの主要契約

洋上風力発電プロジェクトの建設・運営に際して、事業者は様々な契約を締結する必要があります。着床式洋上風力発電プロジェクトを念頭に、代表的な契約として挙げられるのは、図表3-19に記載する諸契約です。

紙幅の都合上、各契約に関しての詳細に触れることはできませんが、事業者の観点からは、できるだけ公募選定前の早い段階から、関係当事者との契約交渉に向けた準備を進め、事業実現性にある程度の目処を付けておく必要があるでしょう。

a 出資者間協定

一般海域におけるプロジェクトにおいて公募参加資格を有するのは、公募参加資格要件を満たす企業もしくは複数の企業で構成する連合体（コンソー

図表3-19：着床式洋上風力発電プロジェクトの主要契約

	契約の種類
1	発電事業者に係る出資者間において締結される株主間契約または出資者間契約
2	発電事業者が調達するプロジェクトファイナンスに関連する貸付契約および担保関連契約等
3	保険契約
4	環境や風況調査等のための各種調査業務委託契約
5	風車メーカーとのタービン供給契約（TSA）
6	風車の基礎、海底ケーブルや陸上・洋上変電所設置のためのEPCI契約
7	風車や周辺設備の維持管理のためのO&M契約
8	船舶調達のための傭船契約
9	一般送配電事業者との間の系統連系契約等
10	オフテイカーとの間の電力受給契約
11	自営線や陸上ケーブルの敷設のための不動産関連契約
12	漁協等の地元関係者との間の協定書等

シアム）とされています[28]。多額の投資とリスク負担を要する洋上風力発電プロジェクトにおいては、単独企業のみでプロジェクトを実施することは容易ではないと思われますので、現状では、複数の出資者を構成員とするSPCまたはコンソーシアムの形態によりプロジェクトに参画するケースが主流になると考えられます。なお、既存の促進区域の公募占用指針上、コンソーシアム形態により公募参加する場合、選定事業者として選定された後公募占用計画の認定を受けるまでにSPCを設立してコンソーシアムを解消する必要があるとされています[29]。

　発電事業を実施する主体となるSPCの法人形態は、既存の促進区域の公募占用指針上、必ずしも株式会社に限定されていませんが、国内に本店または主たる事務所を有する国内法人であることが求められます（なお、外国法人をSPCの出資者とすることは、既存の促進区域の公募占用指針上、許容されています。）。もっとも、出資者の有限責任性を確保する等の観点からは、通常、株式会社または合同会社のいずれかが選択されることになると考えられます[30]。

　株式会社および合同会社のいずれであっても、会社法のデフォルトルールを定款の定めにより変更することで会社運営を行うことは理論上可能です。しかし、定款違反の行為は会社法上の問題となり、行為自体の有効性に影響を与え得ること等から定款において規律できる事項にも限界があるため、洋上風力発電プロジェクトにおいても、出資者（株式会社であれば株主、合同会社であれば社員）の実務的なニーズに応えるため、出資者間で協定書を締結するケースが多くなると考えられます。

　一般的な出資者間協定に盛り込まれる典型的事項としては、①会社の事業目的その他の基本的事項、②会社の機関運営や業務の執行に関する事項（代表者や役員の選任、マイノリティ出資者の拒否権事項、デッドロック時の対処等）、

28　たとえば、五島市沖公募占用指針16頁参照。
29　同上。
30　なお、公募手続における評価との関係では、五島市沖公募占用指針に関するパブリックコメントの回答（No.336）において、SPCの会社形態それ自体によって、評価上の差異を設けることは予定していないとされています。

③配当ルール、④資金調達（追加出資義務等）、⑤各出資者が果たすべき役割、⑥株式・持分の処分に関するルール（譲渡制限規定、先買権、ドラッグ／タグアロング権、プット／コールオプション等）、⑦債務不履行時の対応および⑧競業避止義務に関する事項等が挙げられます[31]。こうした点は洋上風力発電プロジェクトの出資者間協定にも妥当するものですが、洋上風力発電プロジェクトに特有の視点としては、(i)公募占用計画に記載する条件の決定に関する各出資者の意思決定参画権、(ii)公募に落選した場合の費用精算に関する事項、(iii)各出資者が公募参加資格を有していることの表明保証や維持の誓約、(iv)公募手続における事業性評価の観点で各出資者がどのような役割を担うかの明確化および(v)多額かつ長期間のエクイティ投資を要することを踏まえた費用負担のあり方などに、特に留意する必要があると考えられます。

b　ファイナンス関連契約

　洋上風力発電プロジェクトにおいては、発電事業者（SPC）がプロジェクトファイナンスの形態で資金調達を行うケースが多くなるものと想定されます。プロジェクトファイナンスは、特定の事業から生じるキャッシュフローを引当てとして資金を貸し付ける手法であり、一般的な事業会社がその事業活動全体から生じる収益を引当てとして金融機関からの借入れを受けるコーポレートファイナンスとは区別されます。プロジェクトファイナンスを調達することのメリットとしては、会計上のオフバランス、プロジェクトの信用力に基づく融資条件の獲得、レバレッジを効かせることによるエクイティ投資の効率化、スポンサーの責任範囲の限定（ノンリコースあるいはリミテッドリコース）などが挙げられます[32]。

　プロジェクトファイナンス自体は日本でもかなり普及していますが、洋上風力発電プロジェクトに関するプロジェクトファイナンスの供与は、これから本格化していくことになります。プロジェクトファイナンスは、基本的に、

---

[31]　出資者間協定一般に関する詳細は、藤原総一郎編著『株主間契約・合弁契約の実務』（中央経済社、2021年）を参照。

[32]　プロジェクトファイナンス一般に関する詳細は、樋口孝夫『資源・インフラPPP／プロジェクトファイナンスの基礎理論』（金融財政事情研究会、2014年）を参照。

対象事業からのキャッシュフローのみを貸付金回収の引当てとするものであり、SPC のスポンサーに対して自由に遡及することができないのが原則です。したがって、レンダーの観点からは対象事業のリスク分析が特に重要となり、陸上風力案件や過去のプロジェクトファイナンスの事例を参考にしつつも、洋上風力案件特有のリスクへの対応が必要になるでしょう。たとえば、洋上風力発電施設の建設中に関しては、海象条件が厳しい時期に洋上作業が不可能あるいは困難となること、国内の洋上風力産業が未熟な中で海外からの部品調達に相当程度頼らざるを得ないこと、SEP 船の国内供給が限られていること等を踏まえたタイムオーバーラン・コストオーバーランのリスクへの対応、商業運転の開始後に関していえば、落雷、台風や津波といった洋上で特に影響を受けやすい自然災害、前記の基地港湾の利用上の制約、O&M 業者の代替性が低いこと等に伴うリスクを分析し、保険によるリスク補填、コントラクターやベンダー側へのリスク転嫁、リザーブ積立、さらにはスポンサーサポートの要否等を検討した上で、前記のようなリスクを手当てしていく必要があると考えられます。

　なお、プロジェクトファイナンスの場合、対象事業を構成する個々の資産価値（清算価値）は通常低いため、レンダーとしては、事業全般を一体的に処分することで貸付金の回収が可能となる仕組みを構築する必要があります。国内のプロジェクトファイナンスの実務では、借入人たる SPC の保有する全資産を担保取得するという原則の下、借入人が第三者との間で締結するプロジェクト関連契約上の債権、預金債権、保険金請求権、借入人の株式または持分に対する（根）質権あるいは（根）譲渡担保権の設定、プロジェクト関連契約上の地位譲渡予約、工場財団（根）抵当権、集合動産（根）譲渡担保権などの各種担保権がレンダーのために設定されるのが通常です。

　こうした担保との兼ね合いで、洋上風力発電プロジェクト特有の論点の 1 つに、洋上の発電設備に対してどのように担保を設定するのかという問題があります。着床式発電設備に関していえば、最高裁判例上、海は原則として民法86条 1 項にいう「土地」に当たらないとされているため（最判昭和61年12月16日民集40巻 7 号1236頁）、発電設備の基礎部分が海底に定着していたと

しても「土地」の定着物とは認められず、着床式発電設備について海底とともに抵当権を設定する方法をとることは現行法上困難と考えられます。他方、着床式風力発電所の構成設備の一部（陸上変電所等）は陸上に設置される上、海底ケーブル等で陸上設備と洋上設備が連結していることから、登記された地番のある陸地を工場の場所として確保し、洋上の風力発電設備や変電所等の設備を組成物件に含めて工場財団を設定し、これに工場財団（根）抵当権を設定するという方法は、理論的にはあり得る方向性と考えられます。ただ、工場財団目録に建物以外の工作物を記録するときは、「工作物の所在する市、区、郡、町、村、字及び土地の地番」を記載することが求められている（工場抵当登記規則7条3項）こととの関係でどこまで記載省略が認められるのか等の手続上の問題もあり、現時点では、実務的な取扱いが確立しているとはいえない状況です。仮に工場財団（根）抵当の設定が困難であれば、洋上の風力発電設備等に対しては、（集合）動産（根）譲渡担保権を設定することになると考えられます。

　一方、浮体式発電設備に関しては、船舶安全法に基づく安全審査を受ける必要があり、船舶として船舶検査証書の交付を受けることになります。そのため、船舶抵当権の方法により担保設定することができないかが問題にはなるものの、船舶登記令に基づいて船舶登記の対象となる船舶は、総トン数20トン以上の船舶であって、航海の用に供するものとされていますので、その重量にかかわらず、自航能力のない浮体式発電設備に船舶抵当権を設定することはできないものと考えられます。そのため、浮体式発電設備に関しても、工場財団（根）抵当権の設定可否を検討し、不可であれば（集合）動産（根）譲渡担保権を設定することになるものと想定されます。

c　EPCI契約

　EPCI契約は、エンジニアリング（Engineering）、調達（Procurement）、建設（Construction）および据付（Installation）に関する契約の英文の頭文字を取ったもので、エンジニアリング段階から風車（風力タービン）の据付までをコントラクターが受注する形態の契約です。EPCI契約は、一般に、主として請負契約の性格を有する契約と整理されることになると考えられま

す。

　国内の一般的な民間同士の建設プロジェクトであれば、民間（七会）連合協定工事請負契約約款等の様式を使用するのが典型ですが、洋上風力発電プロジェクトに関しては、先行する欧州や東南アジアの実務も参考に、グローバルなプラント建設等で頻繁に使用され、国際的な認知度も高い FIDIC（International Federation of Consulting Engineers）の契約様式などを参考にしながら、EPCI 契約を作成していくことになることが多くなるものと想定されます。

　なお、土木工事に関しては建設業法が適用されるところ、建設業法は元請業者に対してだけでなく、発注者（発電事業者）に対しても一定の義務を課していますので（同法18条以下参照）、発注者側も同法の規律内容をよく確認の上で、EPCI 契約を作成する必要があります。

d　タービン供給契約（TSA：Turbine Supply Agreement）

　現在のマーケットでは、風力タービンは海外メーカーから調達せざるを得ないのが実情です。なおかつ、大規模な洋上風力発電機を供給できるタービンサプライヤーは現状限られているため、国内の事業者としては、事実上、数社の中から風力タービンの調達先を選定する必要があります。

　タービン供給契約の中核は風力タービンの購入に関する当事者間の合意ですので、日本法の観点では、まず売買契約としての性質を有すると考えられます。もっとも、洋上風力発電所ごとに設置される風力タービンの仕様は一定ではなく、事業者側が指定する設計仕様に沿った風力タービンの製造をコントラクターに委託するという側面があり、また、風力タービンの据付段階においてはタービンメーカーの監督・助言の下で作業を実施する必要も出てくることから、請負契約（あるいは製作物供給契約）としての性質を併せ持つ契約となることが多いものと想定されます。

　現時点では、海外メーカーとの間でタービン供給契約を締結せざるを得ない状況のため、タービン供給契約は英文で作成することが多くなるものと思います。また、一刀両断に割り切れない法的性格の契約であることやタービンサプライヤーの数が限定されていること等の理由により、事業者にとって

は難しい交渉が必要となる場面も出てくるだろうと想定されます。

e　船舶関連契約（カボタージュ規制）等

洋上風力発電所の建設および運営に際しては、調査船、アクセス船（Crew Transfer Vessel）、警戒船（Guard Vessel）などの多様な船舶を活用する必要があります。中でも、洋上風力発電プロジェクトに特徴的なのが、洋上でのクレーン作業や杭打ち作業に利用される自己昇降式作業台船（SEP 船）の存在です。

SEP 船に関しては、国内企業による建造プロジェクトが複数進行していますが、現状は供給に限りがあります。そのため、外国船籍の SEP 船の活用も検討の対象とはなりますが、船舶法上、日本船舶（船舶法 1 条参照）でなければ、①法律または条約に別段の定めがあるとき、②海難または捕獲を避けんとするときおよび③国土交通大臣の特許を得たときを除き、不開港場に寄港または日本各港の間で貨物または旅客の運送をすることはできないとされています（いわゆるカボタージュ規制）。

また、外国船舶航行法上、やむを得ない理由がない限り、外国船舶は、日本の領海において、停留等を伴う航行をさせることができません。そのため、日本の洋上風力発電プロジェクトにおいて使用できる SEP 船は、国土交通大臣の特許を得た場合を除けば、事実上日本船籍の船舶（あるいは日本船籍への船籍変更を行った船舶）に限られることになります。再生可能エネルギー等に関する規制等の総点検タスクフォース[33]でもこうした規制の改革に関する議論がなされていますが[34]、規制改革が実現するかは不透明な状況が続いています。事業者の観点からは、早期に利用可能な SEP 船の予約を行うことやコントラクター側に調達責任を負担してもらう等の対応を検討することも必要になると考えられます[35]。

33　内閣府特命担当大臣（規制改革）の下で、関連府省庁にまたがる再生可能エネルギー等に関する規制等を総点検し、必要な規制見直しや見直しの迅速化を促すことを目的とした審議会です。

34　内閣府「第16回 再生可能エネルギー等に関する規制等の総点検タスクフォース 会議資料」（https://www8.cao.go.jp/kisei-kaikaku/kisei/conference/energy/20210921/agenda.html）を参照。

契約実務の観点からは、従来海運業界で頻繁に使用されてきた標準書式（日本海運集会所やボルチック国際海運協議会（BIMCO）の制定様式）を活用して傭船契約を作成するケースが多くなるものと想定されます。留意を要するのは、SEP 船のように洋上での作業を伴う船舶に使用するフォームです。BIMCO の場合には、SUPPLYTIME 2017という洋上支援船向けの傭船契約をはじめとする傭船契約の様式がありますので、これをベースにドキュメンテーションを進めることが考えられます。ただ、SEP 船に関しては、船主側がオペレーターを乗船させてクレーンを操作して杭打ち等の作業を行わせる場合、請負契約の要素が強くなる反面、SUPPLYTIME 2017は傭船契約がベースですので、日本の請負契約に関する規律や建設実務の観点から必要な修正を加えていく必要が出てくるものと思われます。

（3）地熱発電プロジェクト

ア　地熱発電プロジェクトの現状と展望

　地熱発電は、洋上風力発電および太陽光発電とともに、グリーン成長戦略における重点分野（14分野）の１つである「次世代再生可能エネルギー」に挙げられています。また、地熱発電は、洋上風力発電および太陽光発電とは異なり、風況や日照に左右されず継続的・安定的な稼働が可能であることから、火力発電や原子力発電のようなベースロード電源となり得るポテンシャルを秘めていると期待されています。

　日本には多くの火山が存在し、世界３位の地熱ポテンシャルを有しているといわれています。また、地熱発電の歴史は古く、100年あまり前から研究がなされ、国内では、1966年に岩手県松川地熱発電所の運転が開始しています。それにもかかわらず、2021年時点での国内の地熱発電導入量は、わずか59.3万 kW に過ぎず、FIT 認定済みの未稼働案件の発電量も2.5万 kW に留まります[36]。政府の予測では、従前の政策努力を単に継続した場合、2030年

35　その他、実務的には、内航船への外国人配乗の規制、入管法、船員法といった規制により、外国人技術者を、SEP 船をはじめとする作業船に配乗することの可否に関しても検討が必要です。

度までの新規導入量として上乗せできる発電量は5万kWしかありません
ので[37]、2030年度の電源構成に占める地熱発電の割合は、わずか1％程度に
留まる見込みです。

　大規模な地熱発電プロジェクトを実施するためには、資源調査や環境影響
評価手続が必要となる上、地元住民や関連自治体等の関係者との調整も必要
となることから、太陽光発電と比較して、多額の資本投下と長い年月を要す
る傾向にあります。その上、後記のように地熱ポテンシャルの高い自然公園
内での開発については厳格な運用がなされてきたため、地熱発電は長らく停
滞期を過ごしました。

　しかしながら、2050年カーボンニュートラル宣言を受けて、地熱発電のポ
テンシャルが再び見直されています。環境省は、2021年4月、「地熱開発加
速化プラン」を掲げ、これまで10年以上かかった地熱開発までのリードタイ
ムを2年程度短縮して最短8年まで短くするとともに、2030年までに全国の
地熱発電施設数を現状の約60施設から倍増させることを目指すことを公表し
ました[38]。政府も、JOGMECによるリスクマネーの供給や掘削技術開発の
成果共有等の導入加速化に向けた政策強化、地熱開発加速化プランによる開
発加速化等の政策対応強化が進めば、2030年度までの間に新たに85.7万kW
の導入を見込めるとしています[39]。そのため、今後国内における地熱発電プ
ロジェクト数は急増する可能性があり、期待することのできる再エネ分野の
1つといえます。

　また、グリーン成長戦略では、国内外で地熱発電に使用されている発電用
タービンの7割が日本企業の製品であることから、途上国を中心とする地熱

36　資源エネルギー庁「2030年度におけるエネルギー需給の見通し（関連資料）」(https://
　　www.enecho.meti.go.jp/committee/council/basic_policy_subcommittee/
　　opinion/data/03.pdf) 39頁参照。

37　同上。

38　2021年4月27日付小泉環境大臣（当時）発表 (https://www.env.go.jp/annai/kaiken/
　　r3/0427.html) を参照。

39　資源エネルギー庁「2030年度におけるエネルギー需給の見通し（関連資料）」(https://
　　www.enecho.meti.go.jp/committee/council/basic_policy_subcommittee/
　　opinion/data/03.pdf) 39頁参照。

発電事業の未開発なエリアにおいて、発電システムとともに、マスタープランの作成から探査、試掘調査、掘削、プラント建設まで資金面を含めた支援により、市場を拡大し、地熱産業の競争力を強化していくことも掲げられており[40]、近い将来、地熱産業は基幹産業へと成長していくことも期待されます。

イ　国内地熱発電プロジェクトのフレームワーク

(ア)　地熱発電の概要

　地熱発電には大きくフラッシュ発電とバイナリー発電の2つがあります。フラッシュ発電は、地下の地熱貯留層から取り出した地熱エネルギーを蒸気の形で利用して発電する仕組みです。地下に高温高圧の液体の状態で存在している水を生産井から取り出し、地表で蒸気に変化した水によってタービンを回転させて発電します。これに対して、バイナリー発電とは、地熱貯留層から取り出す蒸気の温度が低い場合に、水よりも沸点の低い媒体に熱交換することによって得られる気体を用いてタービンを回転させて発電する仕組みです。高温高圧の地熱貯留層が見込まれない場合には、経済性の観点からバイナリー式の発電設備が用いられることが多くなります。

　このほか、温泉発電と呼ばれる取組みもあります。温泉地において源泉が高温高圧である場合には、浴用利用のために温度を下げる必要があります。温度を低下させるために捨てられるエネルギーを用いて発電を行う仕組みです。発電方法は①温泉の蒸気によりタービンを回転させる方法、②バイナリー式と同様、水よりも沸点の低い媒体に熱交換することによって、タービンを回転させる方法、③半導体材料を利用して熱を直接電気に変換する方法（熱電変換発電）があります。熱電変換発電は経済性の点で実用化には至っていないとされています。

　さらに、従来の地熱発電では、地下1,000〜2,000m程度にある約150℃の熱水資源を活用していますが、大規模な地熱発電の導入に向け、地下5,000m程度にある約400〜500℃の超臨界状態にある熱水資源を活用した超臨界地熱

40　グリーン成長戦略37頁参照。

図表 3-20：フラッシュ発電の仕組み

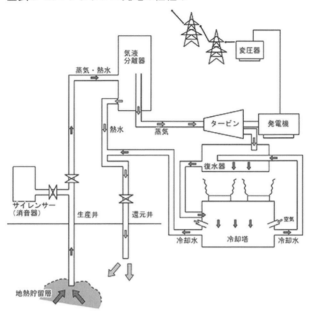

図表 3-21：バイナリー発電の仕組み

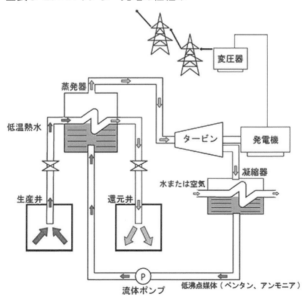

出典：環境省自然環境局「温泉資源の保護に関するガイドライン（地熱発電関係）（改訂）2017年10月」（https://www.env.go.jp/nature/onsen/pdf/2-5_p_6.pdf）7頁より抜粋

発電の実用化にも期待が集まっています。グリーン成長戦略では、超臨界地熱発電が実現すれば、国内での市場規模は1兆円以上になると見込んでいます[41]。

⑷　地熱発電プロジェクトの課題

　地熱発電プロジェクトにおいては、他の再エネプロジェクトにも増して、立地選定段階での資源調査が重要となります。たとえば、本章2⑵（100頁参照）で概説した一般海域における洋上風力発電プロジェクトでは、国が主導して促進区域を指定することになりますが、地熱発電プロジェクトに関しては、現在の枠組みの下では事業者が主導的に適地を探索する必要があります。立地選定段階では、空中調査等の広域的な調査結果に基づき、地質調査、地化学調査、物理探査等の地表調査が行われた後、さらに坑井調査として、調査井の掘削を実施し、地下資源量を確認して発電施設の建設候補地を決定するのが典型です。後記のとおり候補地が自然公園内である場合には自然公園法上の制限を受けることにもなります。そのため、発電施設の建設候補地を確定させるための調査費用が高くなり、また、調査に要する時間も長期にわたることになります[42]。

　地熱資源が見込まれる地域については、JOGMECによる地熱資源ポテンシャル調査の結果や産業技術総合研究所（AIST）のデータをもとに作成されたREPOS（再生可能エネルギー情報提供システム）において地熱発電の導入ポテンシャルが公表されています。また、環境省の環境アセスメントデータベース（EADAS：Environmental Impact Assessment Database System）では、地下温度構造に関する地熱マップが公表されています。初期調査の段階では、こうした公表情報も活用しながら、適地候補を絞り込んでいくことになるでしょう。

41　グリーン成長戦略39〜40頁参照。
42　環境影響評価法の対象となる規模（第一種事業：10,000kW以上、第二種事業：7,500kW以上10,000kW未満）の場合には、環境アセスの実施のためにも一定の期間を要します。

ウ　地熱発電プロジェクトに関する法規制

　地熱発電を行うためには、一般に、地熱貯留層の地熱エネルギーを地上に取り出すための生産井の掘削、地熱エネルギーを発電するための発電設備、地熱貯留層から取り出した地熱エネルギーから分離された熱水や発電後の水を地中に戻すための還元井[43]の掘削が必要となります。また、地熱貯留層や周辺の温泉・地下水位などを監視することを目的とする坑井の掘削も通例必要になると考えられます[44]。以下では、地熱発電プロジェクトに特有の国レベルの法規制を中心に概観していきます。

　なお、本書では記載を割愛しますが、個別の地熱発電プロジェクトを推進するに際しては、対象地域に適用される条例との関係にも留意が必要です。

㋐　自然公園法

　国内の地熱資源の8割が国立・国定公園内に存在するとされています。そのため、地熱発電プロジェクトを推進するにあたっては、多くの場合、自然公園法上の規制を遵守する必要が生じます。

a　自然公園法の概要

　自然公園法は、優れた自然の風景地の保護と利用の増進を図ることにより、①国民の保健、休養および教化に資すること、②生物多様性の確保に寄与することを目的とした法律です。

　「国立公園」は、環境大臣が指定し国が管理する「我が国の風景を代表するに足りる傑出した自然の風景地」をいい（同法2条2号）、現在、知床国立公園、日光国立公園、屋久島国立公園など、全国34か所の国立公園が指定されています。「国定公園」は、環境大臣が指定し都道府県が管理する「国立公園に準ずる優れた自然の風景地」を指し（同法2条3号）、大沼国定公園、蔵王国定公園、琵琶湖国定公園、壱岐対馬国定公園など、全国50か所以上の国定公園が指定されています。

43　熱水にはヒ素などの有害物質が含まれている場合があることに加え、高温であるため河川等に放出してしまうと環境汚染が生じる可能性があり、それらを防止するためにも還元井が必要となります。

44　これらは地熱発電所の建設時に必要となる工事ですが、前記のとおり、その前段階である調査段階において、資源調査を目的とした坑井の掘削も必要となります。

国立・国定公園は、風致景観の維持の重要性から特別地域と普通地域に区別され、環境大臣または都道府県知事が指定した区域が特別地域となります[45]。特別地域は、さらに、その重要度に応じて、特別保護地区、第一種特別地域、第二種特別地域および第三種特別地域に区分されます（同法21条、自然公園法施行規則9条の2）。地熱発電プロジェクトの開発の可否を検討するに際しては、対象地域がいずれの地区・地域に該当するのかによって規制の度合いが異なりますので、まず対象地域がどの区分に該当するのかを認識することが大切です。

地熱発電プロジェクトを推進する際には、掘削による土地の形状変更や地熱発電所を構成する工作物の設置のための開発行為を伴います。自然公園法上、一定の開発行為を行うにあたっては、基本的に、特別地域内では環境大臣（国立公園の場合）または都道府県知事（国定公園の場合）の許可が必要です（同法20条、21条）。普通地域においては事前届出で足りますが（同法33条）、環境大臣は国立公園について、都道府県知事は国定公園について、それぞれ公園の景観を保護するために必要があると認めるときは、開発行為に対する禁止、制限その他の必要な措置を執るべき旨を命ずることができるとされています（同法33条2項）。

歴史的には、国立・国定公園内における地熱発電プロジェクトに対して、規制当局は極めて消極的な運用を行ってきました。昭和49年の通知[46]では、当面の間、大沼（後生掛）、松川、鬼首、八丁原、大岳および滝上（葛根田）の6地点のみを実施箇所とし、国立公園および国定公園内の景観および風致の維持上支障があると認められる地域においては新規の調査工事および開発を推進しないものとする、とされてきました。その後、平成6年[47]、平成24年[48]、

45　そのほか、海中・海上の景観保護を目的とした海域公園地区もありますが、地熱発電との関係では海中は通常問題となりませんので、省略します。

46　昭和49年9月17日付「自然公園地域内において工業技術院が行う「全国地熱基礎調査」等について」（環自企第469号環境庁自然保護局企画調整課長通知）。

47　平成6年2月3日付「国立・国定公園内における地熱発電について」（環自計第24号・環自国第81号環境庁自然保護局計画課長・国立公園課長通知）。

48　平成24年3月27日付「国立・国定公園内における地熱開発の取扱いについて」（環自国発第120327001号環境省自然環境局長通知）。

図表 3 –22：国立・国定公園の区分と開発行為に関する規制

国立・国定公園の地種区分		開発行為
特別地域		
	特別保護地区	許可制
	第一種特別地域	許可制
	第二種特別地域	許可制
	第三種特別地域	許可制
普通地域		事前届出制

平成27年[49]にそれぞれ緩和方向で運用が改められてきたものの、なお抑制的な運用が続いてきました。

　しかしながら、2050年カーボンニュートラルの実現に向けた地熱発電プロジェクトのなお一層の推進のため、政府の規制改革実施計画（2021年6月18日閣議決定）や地熱開発加速化プランを踏まえ、令和3年9月30日付「国立・国定公園内における地熱開発の取扱いについて」[50]（以下「地熱通知」といいます。）により、従来の運用がさらに緩和されました。

b　地熱通知の下における運用

　地熱通知における国立・国定公園内における地熱開発の基本的な考え方を整理すると、次のようになります。

①　自然環境の保全（風致景観の維持を含みます。）および公園利用上の支障がないよう立地や設計で配慮等がなされ、地域との共生が図られている優良事例については地熱開発が認められることとなります。

②　前記と同様の配慮等がなされ、地域のエネルギーの地産地消のために計画され、または国立・国定公園の利用促進・公園事業の執行に資するもので、地熱開発の行為が小規模で風致景観等への影響が小さなもの（バイナ

49　平成27年10月2日付「国立・国定公園内における地熱開発の取扱いについて」（環自国発第1510021号環境省自然環境局長通知）。

50　令和3年9月30日付「国立・国定公園内における地熱開発の取扱いについて」（環自国発第2109301号環境省自然環境局長通知）（https://www.env.go.jp/nature/210930kouen_tinetu.pdf）。

リー発電等）についても認められます。

③　ただし、自然環境保全上重要な地域および公園利用者への影響が大きな地域では地熱発電のための開発は認められません。特別保護地区は、公園の景観を維持するために特に必要がある自然公園の核心部分であり、第一種特別地域は、特別保護地区に準じた自然景観を有しており、風致維持の必要性が他の地域に比べて特に高いため、基本的に地熱開発は認められません（もっとも、第一種特別地域への一定の傾斜掘削[51]については、自然環境の保全や公園利用上の支障がなく、地表に影響を与えない場合には、例外的に許容される場合があります。）。

④　いずれの場合も、地域の持続的な発展に大きな関わりを持つことから、温泉関係者や自然保護団体等の地域の関係者との合意形成をし、かかる合

図表 3−23：国立・国定公園内における地熱発電プロジェクトの開発の可否に関する概略図

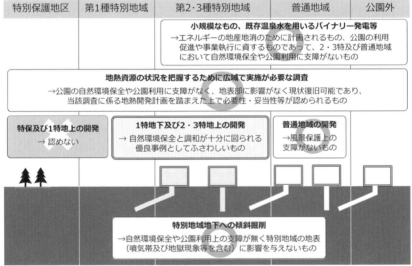

出典：環境省「自然公園法・温泉法に係る地熱開発に関する基準等について」（https://www.env.go.jp/council/12nature/shiryo1.pdf）6頁をもとに筆者ら作成

51　国立・国定公園内の特定の地種区分に該当する地表あるいは公園外の地表から斜めに掘削して国立・国定公園内のほかの地種区分の地下に到達する方法を意味します。

意に従って、地熱開発計画が策定されることが必要となります。

　地熱通知においては、以上のような基本的な考え方の下、地域区分別に、取扱内容を明記しています。その内容をまとめますと、図表3–23のとおりです。

　また、地熱通知では、特別地域外からの傾斜掘削であって、第二種特別地域や第三種特別地域内の掘削距離が極めて短い場合など、特別地域への影響が軽微である場合には、許可手続を迅速に進めることが求められています。

コラム ⑮　地熱通知における優良事例

　地熱通知では、第二種特別地域および第三種特別地域での掘削や工作物の設置についての許可については、行政当局は、優良事例の形成について検証を行うことが求められており、以下のような取組みがなされ、優良事例として特にふさわしいものについて許可を行うことができるとされています。

・地域協議会など、地熱開発事業者と、地方自治体、地域住民、自然保護団体、温泉事業者等の関係者との地域における合意形成の場の構築

・公平公正な地域協議会の構成やその適切な運営等を通じた地域合意の形成

・自然環境に配慮した立地選定、発電所の建屋の高さの低減、蒸気生産基地の集約化、配管の適切な取回しなど、当該地域における自然環境の保全および公園利用への影響を最小限に留めるための技術や手法の投入、そのための造園、植生や野生動物等の専門家の活用

・地熱開発の実施に際しての、地熱関連施設の設置に伴う環境への影響を緩和するための周辺の荒廃地の緑化や廃屋の撤去等の取組み、温泉事業者や農業者への熱水供給など、地域への貢献

・長期にわたる自然環境や温泉その他についてのモニタリングと、地域に対する情報の開示・共有

「国立・国定公園内における地熱開発の取扱いについて（令和3年9月

30日環境省自然環境局長通知）の解説～優良事例形成の円滑化に向けて～」
（令和3年9月30日環境省自然環境局国立公園課長通知）では、優良事例とは、国立・国定公園の第二種・第三種特別地域に関係する地熱発電所のうち、自然環境の保全と地熱開発の調和が十分に図られている事例を指すとされています。

地熱開発における坑井基地やタービン建屋等の位置を決めた後の代替地点の検討は難しいため、自然環境保全との調和のためには、地熱開発の早期段階から検討を行うことが不可欠であり、検討候補エリアの広さに応じて自然環境情報を収集・整理し、相対評価の活用や事前調査・モニタリング等が重要とされています。また、施設の建設にあたっても、法令の基準を遵守した上で、配置や色彩、高さ等の外観デザインの調整による景観との調和、植栽等による景観への影響の軽減等の工夫も重要とされており、個別のプロジェクトに応じて個別の工夫が必要となります。

(イ)　温泉法

温泉に関しては温泉法が規律していますが、地熱発電を行う際に利用される高温の水蒸気は温泉法上の「温泉」に該当するため、温泉法の内容にも留意する必要があります。

a　温泉法の概要

温泉法は、①温泉の保護、②温泉の採取等に伴う可燃性天然ガスによる災害の防止、③温泉利用の適正化を図ることを目的としています。

温泉とは、地中から湧出する温泉、鉱水、水蒸気その他のガスで摂氏25℃以上か一定の物質を有するものをいいます（同法2条1項）。そして、温泉を湧出させる目的で土地を掘削しようとする場合には、都道府県知事の許可を受ける必要があります（同法3条）。また、温泉源から業として温泉を採取する場合には、温泉の採取場所ごとに、都道府県知事の許可を受ける必要があります（同法14条の2）。

地熱発電を行う場合には、地熱貯留層から蒸気を取り出すために土地の掘削が必要となります。地熱発電に用いる水蒸気は高温ですので、「温泉」に該当します。したがって、生産井を掘削する場合には、温泉を湧出させる目的で土地を掘削することになりますので、都道府県知事の許可が必要となります。これに対して、還元井は温泉を湧出させるためではなく熱水を地下に還元するために掘削されますので、都道府県知事の許可は不要とされています。

　温泉法は、申請に係る掘削が温泉の湧出量、温度または成分に影響を及ぼすと認めるときなど同法4条各号に掲げる不許可事由に該当する場合以外は、温泉を湧出させる目的での掘削許可をしなければならないと定めています。また、温泉法上は、温泉を湧出させる目的、すなわち、「温泉を地表に取り出す意図」がない掘削（他目的掘削）の結果、温泉が湧出した場合であっても、温泉源を保護するため必要があると認めるときに限り、都道府県知事が温泉の採取の制限を命じることができるに過ぎません（同法12条）[52]。本来、こうした許可・不許可の判断や規制権限の行使は、湧出量等への影響に関する科学的根拠に基づいて行われるべきものですが、実際には科学的知見が不足する等の理由のため広範な不許可の運用がなされ、新規の温泉掘削に対する過度の制限がなされているとの指摘もなされてきました。

　こうした運用を改善すべく、環境省は、「温泉資源の保護に関するガイドライン」（2009年3月策定、2020年3月最終更新）を策定し、温泉の掘削等の不許可事由の判断基準について一定の考え方を示しています[53]。

b　大規模な地熱開発における掘削許可の考え方

　環境省は、再エネ導入促進に向けた政府の動きを受け、2012年3月に「温泉資源の保護に関するガイドライン（地熱発電関係）」を策定し、2014年およ

---

[52]　なお、他目的掘削により温泉の湧出量、温度または成分に著しい影響が及ぶ場合で、公益上必要があると認めるときは、都道府県知事は、掘削事業者に対して、その影響を防止するために必要な措置を講じることを命令することができるとされています（同法14条1項）。

[53]　従前は、「温泉を湧出するおそれのある場合」の掘削など「温泉を湧出させる目的」以外の掘削（他目的掘削）についても事業者に許可申請を行わせるといった運用がありましたが、2014年に改定された「温泉資源の保護に関するガイドライン」では、過度な運用であったとして、見直しが図られ、掘削許可が不要な掘削の類型が示されています。

び2017年に、その改定版を公表してきました。近時、環境省から、環境影響評価法の対象となる発電規模または同一貯留層に2本以上の生産井の掘削を計画する大規模な地熱開発については、大量の熱や水を利用するため、資源の供給量と利用量のバランスが重要になることから、一般の温泉利用のための掘削許可とは別の考慮が必要であるという考え方が示されました。このような考え方を反映した同ガイドライン（地熱発電関係）の改定版が、2021年9月に公表されています[54]。これによれば、掘削許可申請段階で、事業者は、地熱構造モデルや地熱流体流動モデル、数値シミュレーションモデル等によって、地熱貯留層の範囲、持続可能な熱水利用料を可能な限り科学的に推定すること、発電規模、周辺の温泉事業者や他の地熱発電事業者への影響予測、モニタリング計画等の提出が求められます。

　掘削については、個別の掘削ごとに通常一定の距離をとること（離隔距離の確保）が義務づけられていますが、大規模な地熱開発の場合には、全体の計画を審査することになりますので、個別の坑口や熱水採取点からの離隔距離を確保させるのではなく、開発対象となる地熱貯留層と、他の地熱貯留層や温泉帯水層との位置関係を踏まえて判断することとされています。

　また、大規模な開発の場合には特に持続可能性の予測が困難なため、発電所の運転開始後においても定期的なモニタリングを行うことが望ましく、関係者との間での協議会等を開催し、生産井の噴出量や温度、周辺源泉への兆候等のデータを定期的に共有し、順応的管理（不確実性の高い自然資源の管理にあたって、科学的知見とモニタリング評価に基づく検証によって、計画や政策の見直しを行うリスクマネジメントの理論を取り入れた考え方）を進めるべきであるとされています。

　今後、大規模な地熱開発を進める上では、同ガイドライン（地熱発電関係）の内容を十分に踏まえた調査や計画立案を行っていく必要があるでしょう。

54　なお、同ガイドラインは2022年に全体の点検・見直しが予定されています。

㋐　土地の権原の確保

　地熱発電を行うためにはまず土地の権原を確保することが必要となります。土地の所有権は、地上のみではなく、上空および地下にも及ぶと考えられています。また、土地の所有者から土地を賃借した場合や地上権の設定を受けた場合についても、土地の所有者の権原の範囲内で設定された契約の内容に従って、土地の利用権原が与えられると考えられます。通常の土地利用であれば、これらの権利の設定を受けるのみですが、地熱発電を実施する場合には、地下にある地熱貯留層を使用することが土地の所有権や賃借権・地上権のみで可能か、という問題があります。すなわち、地熱貯留層については、人工的に区分された土地に対応した形で地下に存在するわけではありませんので、地熱貯留層内の地熱（温泉源）の利用が無条件で認められるのかが問題となります。もっとも、現在の一般的な所有権の考え方からすれば、区分地上権等を設定していない限り、所有権の対象とされた範囲内の土地の上空および地下については所有権が及ぶと考えられ、地熱貯留層内の地熱（温泉源）を利用することができると考えられます。

　以上の考え方を前提としますと、傾斜掘削の場合には、その最終地点が所有する土地または利用権原を有する土地の範囲内にあるときは、垂直に掘削する場合と同様に、他の利用権原が設定されていない限り、掘削が可能です。これに対して、傾斜掘削による最終地点が隣地に侵入しているときは、地表で隣地を使用していない場合であっても、隣地の所有者から地下の利用についての合意を得ておく必要があると考えられます。また、井戸を掘る場合には、隣地との境界から2m以上離さなければならないため（民法237条1項）、隣地との境界近くで坑井を掘る場合には、垂直に掘削する場合、傾斜掘削の場合を問わず、隣地所有者との間で合意しておく必要があります。

　さらに、温泉については、慣習的に温泉権という物権的な権利として扱われる場合があり、かかる温泉権との調整が必要となる場合もあります。したがって、後記のとおり、地熱発電プロジェクトを進めるにあたっては、近隣の関係者との間の調整が必須となります[55]。

⑷　行政当局からの許認可等の取得や行政当局に対する届出

　前記のとおり、掘削の対象が国立・国定公園に及ぶ場合には、自然公園法上の許可を得る必要がありますし、温泉法上の掘削許可も必要となるのが通例です。そのほかに、プロジェクトの対象地や工作物の内容に応じて、河川法、急傾斜地の崩壊による災害の防止に関する法律、建築基準法、自然環境保全法、森林法など多岐にわたる規制法上の手続の履践の要否を検討する必要があります。

⑸　資金調達

　地熱発電プロジェクトの場合、前記のとおり、事業者が主導的に適地を探索する必要がある上、実際に掘削してみなければ事業化が可能かどうかの判断をすることができません。そのため、地表調査から調査井の掘削を完了するまでの間は、金融機関からプロジェクトファイナンスを受けることは難しく、事業者自ら資金を支出しなければなりません。また、調査井の掘削の結果、事業化が難しいと判断される可能性もあり、プロジェクトを軌道に乗せるまでのリスクが大きくなります。したがって、地熱発電プロジェクトに取り組む場合には自己資金による調査費用の捻出が必要となる上、事業化を断念しなければならないリスクを織り込んだ上で事業計画を作成する必要があるといえます。

　これに対して、調査の結果、事業化が見通せる場合には、発電量の変動が小さく安定的な稼働が見込まれますので、金融機関からプロジェクトファイナンスを受けることも可能となると考えられます。事業化までのリスクの大きさと事業化後の安定さが地熱発電プロジェクトの特徴といえます。

⑹　地域の関係者との合意形成

　地熱発電の場合には、①地熱貯留層から生産井を通じて熱水や蒸気を取り出すことにより、地熱貯留層内の地下資源が枯渇してしまう可能性や周辺の温泉利用に影響が生じる可能性があります。また、②地熱発電用に取り出さ

55　また、地熱開発の対象となる土地は山間部も多く、所有者が不明な土地も存在します。そうした土地については、所有者不明土地法に所有者の探索や利用の仕組みが定められていますので、所有者不明土地法上の仕組みを有効活用することも考えられます。

れた熱水については有害物質が含まれている可能性もあり、周辺環境の汚染や周辺住民に対する健康被害を生じさせる可能性もあります。さらに、③生産井から地熱を取り出すことおよび還元井から熱水を地下に戻す行為によって、地盤沈下や地盤に対する悪影響を生じさせる可能性もあります。そうしたリスクを明らかにした上で、開発を進めるためには、予め地域の関係者との間で協議を行い、地熱発電への理解を求め、合意を形成していくことが重要となると考えられます。また、土地の権利関係を明確化するためにも、地域関係者との間で合意形成を行うことが重要となります。

このような地域関係者との合意形成に関して、一般海域における洋上風力発電プロジェクトでは、関係漁業者の組織する団体その他の利害関係者を構成員に含む協議会の設置が予定され（再エネ海域利用法9条）、利害関係者との適切な調整が図られる仕組みが採用されています。地熱発電プロジェクトでは、これまで地域関係者との間の合意形成を図る法定の場はありませんでした。もっとも、一層の再エネ導入の促進等を図るべく、温対法の令和3年改正法（2022年4月1日に全面施行）により、都道府県等の実行計画制度の拡充が図られました。これにより、都道府県および指定都市・中核市の地方公共団体実行計画においては、再エネ利用促進等施策（太陽光、風力その他の再生可能エネルギーであって、その区域の自然的社会的条件に適したものの利用の促進に関する事項等）の実施に関する目標も盛り込むことが求められます（温対法21条3項5号）。あわせて、令和3年改正法は、指定都市・中核市以外の市町村に対しても、その地方公共団体実行計画において、その区域の自然的社会的条件に応じて再エネ利用促進等施策に関する一定の事項と再エネ利用促進等施策の実施に関する目標を定めるよう努力すべき旨を定め、これらの事項を定める場合には、地域脱炭素化促進事業の目標や対象区域（促進区域）などを定めるよう努力するものとされています（改正温対法21条4項）。これにより、地域の環境保全や地域課題の解決に貢献する再エネを活用した地域脱炭素化促進事業を推進する動きが加速することが期待されますが、地方公共団体がこれらの事項を定めようとする場合において、地方公共団体実行計画協議会が組織されているときは、これらの事項について当該協議会に

おける協議を経なければなりません。地方公共団体実行計画協議会を設置することは必須ではありませんが、関係自治体、地域関係者、有識者、再エネ事業者を含む同協議会を組織し、これを活用することによって、地域間の合意形成や順応的管理を図ることが期待されます。

コラム ⑯　地域脱炭素化促進事業の計画・認定制度

　地域脱炭素化促進事業の計画・認定制度は、地域における脱炭素の取組みを促進し、プロジェクトの円滑な実施を促進すべく、2021年6月に公布された温対法の令和3年改正により新たに導入された制度です。この地域脱炭素促進事業の計画・認定制度は、事業者が地方公共団体実行計画に適合した事業計画を策定し、申請により市町村の認定を受けることで、許認可のワンストップ化などの特典を得られる、というものです。地方公共団体実行計画が協議会によるステークホルダーとの協議を反映し、事業の適地や調整が必要な課題が見える化されることによって、事業者の事業予見性を高めることが意図されています。地熱発電プロジェクトに関しても、地域脱炭素化促進事業の計画・認定制度を活用することによるスピードアップ・円滑化が図られることが期待されます。

　具体的な手続の流れは、以下のとおりです。

　地域脱炭素化促進事業を実施しようとする事業者は、事業計画（以下「地域脱炭素化促進事業計画」といいます。）を作成し、地方公共団体実行計画（温対法21条5項に従って地域脱炭素化促進事業の促進に関する一定事項を定めたもの）を策定した市町村（以下「計画策定市町村」といいます。）に対して認定の申請を行うことができます（同法22条の2第1項および2項）。

　申請を受けた計画策定市町村は、①地域脱炭素化促進事業計画の内容が地方公共団体実行計画に適合すること、②同計画に記載された地域脱炭素化促進事業が円滑かつ確実に実施されると見込まれること、③その他関係省令で定める基準に適合することを認めたときは、その認定を

ます（同条3項）。

　計画策定市町村は、認定を行うに際し、地域脱炭素化促進事業計画に記載された地域脱炭素化促進施設の整備等が、①温泉法に基づく土地の掘削等の許可、②森林法に基づく民有林等における開発行為の許可、③廃棄物処理法に基づく熱回収施設の認定や指定区域内における土地の形質変更届出、④農地法に基づく農地の転用の許可、⑤自然公園法に基づく国立・国定公園内における開発行為の許可等または⑥河川法に基づく水利使用のために取水した流水等を利用する発電の登録が必要な行為に該当する場合には、環境大臣または都道府県知事等の許認可権者等と協議しその同意を得る必要があります（同条4項）。

　認定を得た事業者は、認定地域脱炭素化促進事業計画に従って地域脱炭素化促進施設の整備等を実施する場合、関係許認可等の取得・届出に係る別途の手続を省略することができ（同法22条の5〜22条の10）、これらの手続を当該認定の申請とあわせてワンストップで行うことができます。また、環境影響評価制度との連携の観点から、認定を得た事業者は、⑦環境影響評価法に基づく事業計画の立案段階における配慮書手続の省略といった特例を受けることもできます（同法22条の11）。

第4章

不動産・インフラと
カーボンニュートラル
法務

1　はじめに

　日本におけるエネルギー需要の約3割が建築物分野といわれており、2050年カーボンニュートラルの実現には、不動産・インフラ分野における省エネルギーのより一層の徹底が必要となっています。

　そこで、国土交通省は、2050年に向けて、①建築物の省エネ性能の一層の向上、② CO_2貯蔵に寄与する建築物における木材の利用促進、③ CO_2貯蔵に寄与する既存建築ストックの長寿命化を今後の住宅・建築物の省エネルギー対策のあり方として掲げています[1]。また、インフラ分野においても、国土交通省は、国土交通グリーンチャレンジを2021年7月に公表し、全省的に脱炭素社会の実現に向けた基本的な取組方針を公表しています。

　本章では、不動産・インフラ分野における脱炭素社会の実現に向けて最重要課題と考えられる建築物の省エネ化に関する制度や政府の施策を中心に、不動産・インフラ分野における脱炭素化の枠組みや現状について概説していきます。

2　建築物の省エネ性能の一層の向上

（1）建築物省エネ法の概要

　大量のエネルギーを消費する建築物分野の脱炭素化を進める上では、省エネを促進することが大変重要です。建築物の省エネについては、建築物省エネ法によって規律されています。建築物省エネ法は、2015年7月に成立・公布され、建築物分野における省エネの中核を担ってきました。そこで、まず

1　社会資本整備審議会建築分科会「脱炭素社会の実現に向けた、建築物の省エネ性能の一層の向上、CO_2貯蔵に寄与する建築物における木材の利用促進及び既存建築ストックの長寿命化の総合的推進に向けて」（https://www.mlit.go.jp/report/press/content/001487807.pdf）17頁以下参照。

は現行の建築物省エネ法の概要をみることにします。

建築物省エネ法は、①大規模な非住宅建築物（オフィス、商業施設、物流施設等）に関する省エネ基準適合義務等を定めるなど一定の規制を行う（以下「規制措置」といいます。）とともに、②省エネ基準に適合している旨の表示制度や誘導基準に適合した建築物の容積率特例等を定めるなど省エネ化を促進するために一定の規制緩和（以下「誘導措置」といいます。）を行っています。

ア　規制措置の内容

(ア)　特定建築物（非住宅・床面積300m²以上）

非住宅建築物であって床面積が300m²以上[2]の建築物（特定建築物）について、その建築主は、新築、改築または増築時にエネルギー消費性能基準[3]（以下「省エネ基準」といいます。）に適合させる義務を負います（建築物省エネ法11条、建築物省エネ法施行令4条）。また、建築主は、工事着工前に、建築物エネルギー消費性能確保計画を当局に提出し、省エネ基準に適合しているかどうかの判定を受ける必要があります（同法12条）[4]。

同法11条の規定は建築基準法6条1項の建築基準関係規定とみなされますので、省エネ基準に適合していない建築物については、確認済証の交付を受けることができず、建築に着工することができません。また、省エネ基準へ

2　建築物省エネ法施行当時、省エネ基準への適合義務の対象となるのは、床面積2,000m²以上の非住宅建築物の新築と床面積300m²以上の非住宅建築物の増改築とされていましたが、2019年5月に成立した改正建築物省エネ法（以下「令和元年改正省エネ法」といいます。）の施行（2021年4月）により、床面積300m²以上の非住宅建築物の新築も適合義務の対象とされました。

3　省エネ基準は、一次エネルギー消費量基準と外皮基準で構成されます。一次エネルギー消費量基準については、空調、換気、照明、給湯、昇降機などによるエネルギー消費量から太陽光発電設備等による発電量のうち自家消費相当分を控除したエネルギー消費量が一定の基準値以下となることが必要となります。一次エネルギー消費量基準は住宅、非住宅を問わず適用されます。外皮基準については、外壁や窓などの外皮の表面積あたりの熱損失量が基準値以下となることが求められ、住宅にのみ適用されます。

4　エコまち法10条に基づき集約都市開発事業計画の認定を受けた場合には、当該計画に基づく特定建築物の整備について、同法54条に基づく低炭素建築物新築等計画の認定を受けた場合には、当該認定を受けた建築物の新築等について、それぞれ、省エネ基準に適合している旨の判定を受けたものとみなされます（同法10条9項、54条8項）。

の適合は、建築物の竣工後における完了検査の対象となることから、これに適合していない場合には検査済証の交付を受けることもできません。したがって、省エネ基準に適合しない建築物を建築してしまうと、違法建築物件となり、除却その他の是正命令の対象等となります（建築基準法9条等）。

㈤　非特定建築物（床面積300m²以上）

特定建築物以外の建築物であっても、床面積300m²以上の建築物[5]（非特定建築物）については、新築、増築または改築する場合は、エネルギー消費性能の確保のための構造および設備に関する計画（以下「省エネ計画」といいます。）を当局に届け出る必要があります（建築物省エネ法19条1項、建築物省エネ法施行令8条）。省エネ計画が省エネ基準に適合していない場合には、当局から指示、措置命令を受けることとなります（同法19条2項、3項）。

㈥　小規模建築物（住宅／非住宅・床面積10m²超300m²未満）

住宅・非住宅を問わず、床面積10m²超300m²未満の建築物については、その設計を行う際、建築主が評価および説明を要しない旨の意思を表明しない限り、建築士は、当該建築物の建築物エネルギー消費性能基準への適合性について評価を行うとともに、建築主に対して、当該評価の結果を書面を交付して説明する必要があります（建築物省エネ法27条）。

㈦　住宅（建売戸建、注文戸建、賃貸アパート）

年間150戸以上の建売戸建を新築し分譲することを業とする者（特定建築主）は、その建築する建売戸建を、経済産業大臣および国土交通大臣が定めるエネルギー消費性能の向上のために必要な住宅の構造および設備に関する基準（いわゆる住宅トップランナー基準）に適合させるよう努力する必要があります（建築物省エネ法28条、建築物省エネ法施行令11条）。

また、年間300戸以上の注文戸建または年間1000戸以上の賃貸アパートの建設工事を業として請け負う者（特定建設工事業者）は、その建設する注文戸建または賃貸アパートを住宅トップランナー基準に適合させるよう努力す

5　主に住宅が念頭に置かれていますが、住宅と非住宅の複合施設であって、床面積の合計が300m²を超えるものも対象となります。

図表4‒1：対象用途・規模別の適用基準および義務の一覧

	対象用途・規模	適用基準
適合義務 (11・12条)	非住宅 300m²以上	一次エネルギー消費量基準
届出義務 (19条)	住宅／非住宅 300m²以上	外皮基準（住宅のみ） 一次エネルギー消費量基準
説明義務 (27条)	住宅／非住宅 10m²超300m²未満	外皮基準（住宅のみ） 一次エネルギー消費量基準
努力義務 (28・31条)	特定建築主／特定建設工事業者 が建築する住宅	住宅トップランナー基準

る必要があります（同法31条、同施行令13条）。

イ　誘導措置の内容

㋐　性能向上計画認定による容積率の特例

　エネルギー消費性能の向上のための建築物の新築、増築、改築または修繕等を行う際、建築主は、建築物エネルギー消費性能向上計画を作成し、当局の認定を受けることができます（建築物省エネ法34条1項）。建築物エネルギー消費性能向上計画について認定を受けた場合には、省エネ基準についての適合判定を受け、または省エネ計画の届出を行ったものとみなされます（同法35条8項、9項）。

　そして、認定を受けた場合には、性能向上計画認定に係る基準に適合させるための措置をとることにより通常の建築物の床面積を超えることとなる部分は、建築物の延べ面積の10％を上限として、認定を受けた建築物の容積率の算定基礎となる延べ面積に算入しないこととされ、容積率が緩和されます（同法40条）[6]。

6　なお、令和元年改正省エネ法により、申請建築物に、当該建築物および他の建築物に熱または電気を供給するための機器であって空気調和設備等に該当するもの（熱源機器等）を設置することにより複数の建築物が連携して省エネに取り組む場合に、当該熱源機器から熱などの供給を受ける他の建築物を含めた複数の建築物として認定を受けることができることとなりました（建築物省エネ法34条3項）。ただし、容積率が緩和されるのは、熱源機器等を設置した申請建築物に限られます。

⑷　省エネ性能に係る認定の取得・表示

　建築物の所有者は、当該建築物が建築物エネルギー消費性能基準に適合している旨の認定を申請することができ、所管行政庁から認定された場合には、当該建築物が認定を受けている旨（基準適合認定マーク）を、当該建築物の広告や契約等において表示することができます（建築物省エネ法41条）。

　なお、建築物省エネ法41条の基準適合認定・表示制度は建築物の所有者に対するものですが、これとは別に、建築物省エネ法は、建築物の販売または賃貸を行う事業者に対し、その販売または賃貸を行う建築物について、エネルギー消費性能を表示するよう努めることを求めています（同法7条)[7]。エネルギー消費性能の表示は自己評価とすることも可能ですが、一般社団法人住宅性能評価・表示協会が運営するBELS（建築物省エネルギー性能表示制度）を活用した第三者認証をすることで、省エネ性能の客観的評価を担保しようとする事業者の動きも近年活発にみられます。

図表4‑2：基準適合認定マーク

出典：国土交通省ウェブサイト「法第36条（執筆者注：現41条）の基準適合認定表示制度（eマーク）概要（2016年3月11日)」(https://www.mlit.go.jp/common/001122752.pdf)

7　国土交通省は、「建築物のエネルギー消費性能の表示に関する指針（国土交通省告示第489号）」を策定・公表しています。

コラム ⑰　不動産分野における環境評価認証

　日本において主に用いられている不動産におけるグリーン認証としては、① CASBEE、② BELS、③ DBJ Green Building 認証などがあります。また、そのほか米国発祥の LEED もあります。

　CASBEE は、財団法人建築環境・省エネルギー機構（現一般財団法人住宅・建築 SDGs 推進センター）によって開発された建築物環境総合性能評価システムで、Q（建築物の環境品質・性能）および LR（建築物の環境負荷低減性）の各項目の得点をもとに 5 段階で評価されます。

　BELS は、建築物の省エネルギー性能を表示するための第三者認証制度であり、一般社団法人住宅性能評価・表示協会に登録された評価機関によって実施されます。一次エネルギー消費量基準および外皮性能基準によって評価され、5 段階で結果が表示されます。

　DBJ Green Building 認証は、株式会社日本政策投資銀行により創設され、現在は一般財団法人日本不動産研究所が実施している不動産の認証制度で、建物の環境性能、テナント利用者の快適性、危機に対する対応力、多様性・周辺環境への配慮、ステークホルダーとの協働という 5つの視点から評価が行われます。

　また、不動産事業を行う会社単位での評価指標としては、GRESB があります。GRESB は、会社やファンド単位で、ESG 配慮を数値化し、投資先の選定や投資家との対話のためのツールとして用いられることを念頭に欧州で創設されました。GRESB では、不動産分野とインフラ分野の 2 つに分けて評価がされます。不動産分野については、スタンディング・インベストメント・ベンチマーク（賃貸用不動産の運用に関するベンチマーク）とディベロップメント・ベンチマーク（新規開発や大規模修繕に関するベンチマーク）の 2 つがあり、どちらも 5 段階のスターレーティングで結果が示されることになります。

　これらの認証制度は、不動産分野における ESG 投資が進むにつれ、ますます重要性が高くなってきています。

（2）建築物省エネ法改正に関する状況

ア ZEH、ZEB とは

　前記のとおり、現行の建築物省エネ法上の適合義務は一定規模以上の非住宅に限られていますし、適合義務の対象となる省エネ基準も十分なものとはいえない状況です[8]。建築物の省エネ化の目指すべき在り方は、住宅については ZEH（ネット・ゼロ・エネルギー・ハウス）、非住宅については ZEB（ネット・ゼロ・エネルギー・ビル）といえます。

　ZEH は、経済産業省の ZEH ロードマップ検討委員会によれば、「外皮の断熱性能等を大幅に向上させるとともに、高効率な設備システムの導入により、室内環境の質を維持しつつ大幅な省エネルギーを実現した上で、再生可能エネルギー等を導入することにより、年間の一次エネルギー消費量の収支がゼロとすることを目指した住宅」と定義されています。たとえば、高性能断熱材や高断熱サッシの使用、家庭用燃料電池（エネファーム）や高効率給湯器の設置、屋根への太陽光パネルの設置等により、エネルギー消費量の収支を 0 以下に抑えようとするものです。ZEH は戸建住宅を念頭に議論されていますが、マンション等の集合住宅の場合には、消費エネルギーに比して再生可能エネルギーの設置面積が限定されることや省エネ性能の評価が一棟の建物全体で行われる場合と各住戸を対象として行われる場合の双方があるといった特殊性があります。そのため、経済産業省の集合住宅におけるZEH ロードマップ検討委員会において、別途集合 ZEH としての定義が検討されましたが、定義自体は ZEH を踏襲することとされています。

　ZEB は、ZEH のビル版ともいうべきものです。経済産業省の ZEB ロードマップ検討委員会によれば、「先進的な建築設計によるエネルギー負荷の抑制やパッシブ技術の採用による自然エネルギーの積極的な活用、高効率な設備システムの導入等により、室内環境の質を維持しつつ大幅な省エネル

8　現行の基準では、BEI（設計一次エネルギー消費量を基準一次エネルギー消費量で控除した値）は、住宅・非住宅ともに1.0ですが、ZEH は0.8、ZEB は0.5相当とされています。

図表 4 - 3：ZEH のイメージ図

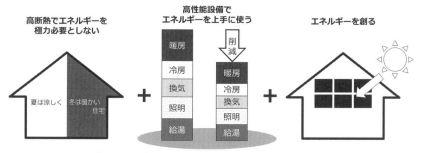

出典： 資源エネルギー庁ウェブサイト（https://www.enecho.meti.go.jp/category/saving_and_new/saving/general/housing/index03.html）をもとに筆者ら作成

ギー化を実現した上で、再生可能エネルギーを導入することにより、エネルギー自立度を極力高め、年間の一次エネルギー消費量の収支をゼロとすることを目指した建築物」と定義されています。

　これまでも建築物の省エネ性能については議論されてきましたが、2050年カーボンニュートラル宣言を受けて、建築物の省エネ性能に関する議論はさらに加速しました。第6次エネルギー基本計画および地球温暖化対策計画では、2030年度以降新築される住宅・建築物について、ZEH・ZEB 水準の省エネルギー性能の確保を目指し、整合的な誘導基準・住宅トップランナー基準の引上げ、省エネルギー基準の段階的な水準の引上げを遅くとも2030年度までに実施する旨が記載されています。

イ　令和4年建築物省エネ法等改正法の概要

　これらを踏まえ、2022年の通常国会において脱炭素社会の実現に資するための建築物のエネルギー消費性能の向上に関する法律等の一部を改正する法律案が提出され、2022年6月に成立しています（令和4年法律第69号。以下「令和4年建築物省エネ法等改正法」といいます。）。当初、政府は令和4年建築物省エネ法等改正法の2022年の通常国会における法案提出を見送るものと報じられていましたが、令和4年建築物省エネ法等改正法に関連する社会資本整備審議会建築分科会建築環境部会および建築基準制度部会の報告案に対して850件を超えるパブリックコメントが寄せられたこと[9]などを踏まえ、2022年の通常国会にて改正法案が提出されるに至りました。

令和 4 年建築物省エネ法等改正法により、建築物省エネ法が段階的に改正される予定です。

㋐　令和 4 年建築物省エネ法等改正法公布後 1 年以内に施行される主な改正事項

a　共同住宅に関する住宅トップランナー基準の新設

1 年間に新築する共同住宅の住戸が一定数以上の共同住宅の分譲事業者も新たに分譲する共同住宅を住宅トップランナー基準に適合させるよう努力する義務を負うことになります（令和 4 年建築物省エネ法等改正法による改正後の建築物省エネ法28条 2 項）。

b　請負型規格共同住宅等の請負業者に係る住宅トップランナー基準の明確化

自らが定めた共同住宅等の構造および設備に関する規格に基づき共同住宅等を新たに建設する工事を業として請け負う者であって、 1 年間に新たに一定数以上の住戸の共同住宅等を建設する事業者（特定共同住宅等建設工事業者）は、現行法上も、その建設する共同住宅について、住宅トップランナー基準に適合させる努力義務を負っています。令和 4 年建築物省エネ法等改正法は、戸建て住宅と共同住宅に関する規定を整理し、請負型規格共同住宅等についての努力義務を明確化しています（令和 4 年建築物省エネ法等改正法による改正後の建築物省エネ法31条 1 項）。

イ　令和 4 年建築物省エネ法等改正法公布後 2 年以内に施行される主な改正事項

a　建築物の販売・賃貸事業者によるエネルギー消費性能の表示に関する努力義務の強化

現行法上も、建築物の販売または賃貸を行う事業者は、販売または賃貸を行う建築物のエネルギー消費性能を表示するよう努力する義務を負っていま

9　「『今後の住宅・建築物の省エネルギー対策のあり方（第三次報告案）及び建築基準制度のあり方（第四次報告案）について「脱炭素社会の実現に向けた、建築物の省エネ性能の一層の向上、CO$_2$貯蔵に寄与する建築物における木材の利用促進及び既存建築ストックの長寿命化の総合的推進に向けて」』に関するパブリックコメントの結果概要」を参照。

す。令和4年建築物省エネ法等改正法による改正後の建築物省エネ法では、エネルギー消費性能として表示すべき事項や表示方法を国土交通大臣が告示により定めることとされており、建築物の販売または賃貸を行う事業者がかかる告示に従っていない場合には、国土交通大臣は当該事業者に対して勧告を行うことができます。また、国土交通大臣は、事業者が勧告に従わないときはその旨を公表することができることとされています。そのほか、国土交通大臣は、事業者が勧告に従わない場合であって、建築物のエネルギー消費性能の向上を著しく害すると認めるときは、勧告に係る措置を命じることもでき、また、必要に応じて事業者に対して立入検査等を行うこともできることとされました（令和4年建築物省エネ法等改正法による改正後の建築物省エネ法33条の2以下）。

b　建築物再生可能エネルギー利用促進区域制度の創設

　市町村は、国土交通大臣が定める基本方針に従って、建築物への再生可能エネルギー利用設備の設置の促進を図ることが必要と認められる区域（建築物再生可能エネルギー利用促進区域）について促進計画を定めることができるようになります（令和4年建築物省エネ法等改正法による改正後の建築物省エネ法67条の2）。

　建築物再生可能エネルギー利用促進区域内において、建築、修繕、模様替または空調設備等の設置もしくは改修をしようとする場合は、建築主は、その対象となる建築物につき、再生可能エネルギー利用設備を設置するよう努めることとされています（同法67条の4）。

　また、建築士は、建築物再生可能エネルギー利用促進区域において、条例で定められる一定の用途かつ一定規模以上の建築物の設計を行う場合、建築主が説明を要しない旨の意思を表明しない限り、建築主に対して、当該建築物に設置することができる再生可能エネルギー利用設備に関する事項（再エネ設備の導入効果等）を書面を交付して説明する義務を負うことになります（同法67条の5）。

　そして、促進利用計画に規定された要件に適合する建築物については、再生可能エネルギー利用設備の設置に関連して、行政庁の許可を受けることで

容積率や建蔽率等の上限を超過することが認められます（同法67条の6）[10]。

(ｳ) **令和4年建築物省エネ法等改正法公布後3年以内に施行される主な改正事項**

a **省エネ基準への適合義務の対象となる範囲の拡大等**

一定の規模以下の建築物を除き、建築物の新築、改築または増築時に、建築主は、住宅部分、非住宅部分の区別なく、すべての建築物（増改築の場合には増改築部分）について省エネ基準に適合させる義務を負うことになります（令和4年建築物省エネ法等改正法による改正後の建築物省エネ法10条）。

b **省エネ性能に係る認定制度の廃止**

前記aのとおり、原則すべての建築物が省エネ性能の適合義務の対象となり、任意に省エネ性能を満たすことの認定を受ける必要がなくなるため、省エネ性能に係る認定制度は廃止されます。

c **小規模建築物の設計に係る建築士の説明義務の廃止**

同様に、小規模建築物も省エネ性能への適合義務の対象となりますので、小規模建築物の設計にあたり、建築士が当該建築物の建築物エネルギー消費性能基準への適合性について評価を行い、建築主に対して、当該評価の結果を説明する義務も削除されています。その代わり、建築士は、すべての建築物の建築または修繕等に係る設計を行うときは、当該建築物の省エネ性能その他の事項について説明するよう努力することが求められます（令和4年建築物省エネ法等改正法による改正後の建築物省エネ法6条3項）。また、建築物再生可能エネルギー利用促進区域内における一定規模の建築物に係る設計に際して、建築士が建築主に再エネ設備の導入効果等を説明する義務を負う点は前記のとおりです。

制度枠組みや省エネ性能基準については今後も定期的に見直しがなされて

---

10 令和4年建築物省エネ法等改正法により建築基準法も改正され、改正後の建築基準法52条14項等では、建築物のエネルギー消費性能の向上のために必要な外壁に関する工事等で構造上やむを得ないものについて、行政庁の許可を受けた場合には、高さ規制や容積率、建蔽率の上限を超過することが認められています。

いくことが見込まれますので、法務の観点からは、最新の情報を把握して法令違反とならないように留意していくことが必要となると考えられます。

 ## 3 建築物への太陽光発電設備の設置

（1）太陽光発電設備の設置義務づけの見送り

　前記の ZEH・ZEB とも関連しますが、脱炭素社会に向けた住宅・建築物の省エネ対策等のあり方検討会においては、建築物に太陽光発電設備の設置を義務づけることが議論されました。最終的には、2050年には設置が合理的な住宅・建築物には太陽光発電設備が設置されていることが一般的となることを目指し、将来における太陽光発電設備の設置義務化も選択肢の１つとしてあらゆる手段を検討するとされ、現時点での太陽光発電設備の設置義務化は見送られることになりました[11]。なお、京都府等では、一定の建築物について、太陽光発電設備に限られない再生可能エネルギー発電設備の設置を義務づける条例[12]が既に施行されています[13]。物件の取得に際してのデューディリジェンス等の際には、こうした条例への適合性を確認することも、今後ますます重要になってくるでしょう。

（2）建築物に設置された太陽光発電設備による 発電における法的留意点

　第３章２（98頁参照）で論じたように、再エネのさらなる普及にあたっては、建築物への太陽光発電設備の設置を一層進めていくことが重要です。太

11　太陽光発電設備の設置の義務化については、新築住宅と既存の住宅を分けて考える必要があります。また、地域特性に応じた対応も必要となりますし、建築物の立地も発電量に影響しますので、きめ細かな議論が必要となると考えられます。なお、前記のとおり、令和４年建築物省エネ法等改正法により、建築物再生可能エネルギー利用促進区域の制度が導入され、同区域内においては、再生可能エネルギー利用設備の設置についての努力義務が課されることになる予定です。

12　たとえば、京都府再生可能エネルギーの導入等の促進に関する条例を参照。

陽光発電プロジェクトにおいては多岐にわたる法的論点が存在しますが、以下では、建築物に設置することを念頭に、近隣関係における論点と屋上賃貸借に関する論点を紹介します。

ア 受光利益の保護

　建築物に太陽光発電設備を設置する場合には、通常屋上に設置することになりますが[14]、周辺の土地の開発が進み、太陽光を遮る建築物が隣地に建設された場合には、太陽光発電設備への照射量が減少し発電量が減少してしまう可能性があります。そのため、特に建築物が密集するエリアにおいては、より多くの法的問題を生じさせる可能性があると考えられます。

　福岡地判平成30年11月15日（判例集未登載／裁判所ウェブサイト）は、被告が隣地に建物を建築したことにより原告が駐車場に設置した太陽光発電設備による発電量が減少したとして不法行為に基づく損害賠償請求を行った事案です。裁判所は、太陽光発電を行っている者は、発電設備への太陽光の受光について密接な利害関係を有し、発電のために太陽光を受光する利益（受光利益）は法律上保護に値する利益であると認めました。その上で、受光利益に対する侵害については、受光利益の性質と内容、所在地の利用用途、周辺の地域性、侵害される受光利益の程度、侵害に至る経過等を総合的に考察して、侵害された受光利益と建物を建築する利益とを比較考量して判断すべきとしました。また、裁判所は、受光利益に関する法規も整備されていないことも指摘しつつ、受光利益の侵害が不法行為として認められるのは、隣地に建設された建築物が法規制に違反する違法な建築物である場合や発電量の著しい減少など侵害の程度が強度な場合に限られるとし、最終的には原告の請

13　なお、東京都や川崎市においても、一定規模の建築物について太陽光発電設備を中心とする再エネ設備の設置を義務づけることが検討されており、今後地域特性を踏まえつつ、再エネ設備の設置を義務づける自治体が増加する可能性もあります。

14　建物の壁面に設置される場合もあるようですが、現在の技術では、屋上に比べて発電効率は落ちてしまうようです。なお、太陽光発電は、グリーン成長戦略における重点分野である「次世代再生可能エネルギー」の1つと位置づけられています。NEDOのグリーンイノベーション基金においても、「次世代型太陽電池の開発」は研究テーマの1つとされていますので、ビル壁面等に設置可能な次世代型太陽電池（ペロブスカイト太陽電池）のさらなる進化に向け、技術開発が進行していくことが期待されます。

求を棄却しましたが、太陽光発電のために太陽光を受光する利益が法的な保護に値する利益であると認めた点で注目に値する下級審裁判例といえます。

イ　反射光による被害

　一方で、太陽光発電パネルを設置する側としても留意しなければならない法的問題があります。たとえば、太陽光発電パネルは太陽光を反射しますので、反射光が反射角に従って一定の範囲に照射されることになります。これが近隣住民の住居等に差し込むことになりますと近隣住民の権利の侵害となる可能性があります。反射光が問題となった裁判例としては、東京高判平成25年3月13日判時2199号23頁があります。同裁判例では、原告は、被告が住宅の屋上に設置した太陽光パネルの反射光が原告の建物に差し込むことを理由に太陽光パネルの撤去および慰謝料を請求しました。第一審では、原告の被害は受忍限度を超えるものとして原告の所有権に基づく妨害排除請求としての太陽光パネルの撤去請求および不法行為に基づく慰謝料請求のいずれの請求も認めました。これに対し第二審の東京高裁は、太陽光パネルの反射光は相当まぶしく感じられる場合が生じ得るため、隣地住民への配慮が求められるものの、まぶしさの強度が明らかでなく、反射光が差し込む時間が短いことやまぶしさを回避することが容易であること等から、原告の被害が受忍限度を超えるものとは認められないとして、原告の請求を棄却しています。

ウ　屋上の賃貸借契約

　太陽光発電設備を第三者が屋上に設置することになりますと、建物の屋上部分を賃借することになると考えられます。しかしながら、屋上の賃貸借については借地借家法の適用はないと考えられていますし、屋上部分についてのみの賃借権を登記する仕組みもありません。そのため、建物の所有権が譲渡された場合には、賃借人は屋上の賃借権を新所有者に対抗することができなくなりますので、賃借人の保護という観点からは建物の賃貸借に比べると落ちることになります。また、賃貸人が倒産した場合においても、屋上の賃借権については破産管財人等に対抗することができず（破産法56条および53条等）、明渡しを求められた場合には応じざるを得ません。そのため、建物の所有者のクレジット（信用度合い）や建物所有者との信頼関係が特に重要

となってきます。現状はそうした法的な難点があるものの、不動産の長期的な所有を前提とした投資法人（リート）や信用度合いの高い事業会社等が保有する施設等では、屋上を賃借した上で太陽光発電設備を設置している例も多く存在します。賃借人の立場からは、契約において建物の所有者による建物の譲渡を禁止する特約を求めることも考えられますが、所有者がかかる特約に合意する可能性は低いといえます。そのため、造作の買取請求や建物の譲渡についての優先交渉権、契約の承継の義務づけなど太陽光発電設備の設置のための投資額を回収する方法を賃貸借契約の中で合意しておく必要があると考えられます。

　なお、2021年4月1日に施行した改正民法より前は、（借地借家法の適用のない）民法上の賃貸借の存続期間は20年が上限とされていました（旧604条）。しかしながら、太陽光パネルの設置を目的とする賃貸借のように、存続期間を20年以上とする現実的なニーズが高まったことも踏まえ、改正民法の下では、民法上の賃貸借の存続期間の上限は50年に伸長されました（新604条）。

4 木造建築物の促進

　木材は、森林が吸収した炭素を貯蔵していることから[15]、木材の利用を促進することはカーボンニュートラルに貢献するとされており、特に建築分野での活用が期待されています。これまで、公共建築物等における木材の利用の促進に関する法律により、低層の公共建築物に関して木材の利用が促進されてきましたが、2021年には同法が、「脱炭素社会の実現に資する等のための建築物等における木材の利用の促進に関する法律」と改正され、日本で初めて「脱炭素」を法令名に含む法律となりました。

　同法では、建築物における木材の利用促進が国および地方公共団体の責務とされ、事業者および国民が木材利用促進に向けて努力する旨が規定されて

15　木材が吸収した炭素は木材を燃焼させない限り二酸化炭素として放出されないため二酸化炭素の減少に貢献するとされています。

います。また、国および地方公共団体は、事業者等との間で建築物に関する木材利用促進協定を締結することができ、協定を締結した事業者の取組みを支援するための必要な措置等を講じることができます。

農林水産省に設置された木材利用促進本部は、同法に基づく基本指針を定めており[16]、国または地方公共団体が整備する公共建築物やそれに準ずる建築物について木材利用を促進すべきである点が明記され、建築材以外にも木材の利用を促進することが記載されています。また、軌を一にして、木材の加工技術の革新によりCLT[17]など耐熱性、耐震性に優れた木材を利用した建築も進められています。

他方で、建築基準法上、小規模木造建築物であっても、一定の高さを超える場合には高度な構造計算および構造計算適合性判定が求められたり、中規模建築物に対する規制がその規模に応じた適正な水準となっていないこと等が設計上の制約や事業者の負担となったりしている旨が指摘されていました。国土交通省の社会資本整備審議会では、こうした指摘も踏まえた上で、木造建築物に関する建築基準の見直しを行い、建築分野における木材の利用促進を図るべきであるという議論がなされました[18]。他方で、省エネ基準や構造安全性の基準への適合性を確保するため、木造・非木造を問わず階数2階以上または延床面積200m²超の建築物を建築確認の対象とする必要があるともされています。これらの議論を踏まえ、令和4年建築物省エネ法等改正法により建築基準法が改正され（公布から3年以内に施行予定）、①木造・非木造を問わず階数2階以上または延床面積200m²超の建築物が建築確認の対象とされました。また、②簡易な構造計算（許容応力度計算）によって構造安全性を確かめることができる範囲が見直され[19]、現行法の高さ13m以下かつ軒

---

16 農林水産省「『建築物における木材の利用の促進に関する基本方針』の策定について」（https://www.rinya.maff.go.jp/j/press/riyou/211001.html）を参照。
17 Cross Laminated Timber（直交集成板）の略称で、ひき板を繊維方向が直交するように積層接着した木料をいいます。
18 前掲注1・17頁以下参照。
19 あわせて、構造計算が必要となる木造建築物の範囲が延床面積500m²超のものから延床面積300m²超のものに変更されています。

高 9 m 以下という基準から、 4 階未満かつ高さが16m 以下の木造建築物に変更されました[20]。あわせて、令和 4 年建築物省エネ法等改正法により、③かかる木造建築物の設計や監理が二級建築士の業務範囲に含まれるよう、建築士法が改正されています（公布から 3 年以内に施行予定）。

5 既存ストックの有効活用

（1）既存不適格建築物の規制緩和など

　既存建築物に関する省エネ改修や長寿命化もカーボンニュートラルに向けて重要ですが、既存不適格建築物（竣工時には適法であったもののその後の法令の改正により現行の建築関連法規に適合しなくなった建築物）の改修を行う場合には、原則として現行の基準に適合させる必要があります。そのため、建築物の改修のための時間や費用が所有者の負担となり既存不適格建築物の改修が妨げられる可能性があります。現行法においても、建築物の安全性が確保されることを前提として一部の規制については遡及的な適用が除外されていますが、防火・避難規定や集団規定については、緩和措置が限定的であると指摘されていました。国土交通省の社会資本整備審議会では、既存不適格建築物に対する現行基準の遡及適用についての合理化を図るべきであるという議論がなされました[21]。かかる議論を踏まえ、令和 4 年建築物省エネ法等改正法により建築基準法が改正され（公布から 2 年以内に施行予定）、既存不適格建築物の増改築の際に適用されない規定の範囲が拡大しました（令和 4 年建築物省エネ法等改正法による改正後の建築基準法86条の 7 ）[22]。

20　また、伝統工法を用いた小規模の木造建築物を念頭に、構造設計一級建築士が設計または構造安全性の基準への適合性を確認した建築物について、一定の者が確認審査を行う場合には、手続の合理化を図るため構造計算適合性判定を省略することができることとされています。

21　前掲注 1 ・21頁以下参照。

22　そのほか令和 4 年建築物省エネ法等改正法では、建築物の木造化を進められるよう、防火規制の合理化を図るための改正がなされています。

（2）グリーンリース

　賃貸オフィス等の既存の賃貸用建築物の省エネ改修を行う場合、設備改修による経済的な利益等（たとえば、居住・執務環境の向上、光熱費の削減や環境性能が高い設備の原状回復義務の免除等）の多くは、実際に建物を占有しているテナントが享受することになるのが一般的です。そのため、設備投資による直接的な経済的利益の乏しいビルオーナーは、環境性能の高い設備の導入に対して消極的となる可能性があります。

　しかしながら、既存建築物の省エネ化を進めるにあたっては、ビルオーナーとテナントが協働して取組みを進めることが不可欠です。また、本来的には、LED 照明への交換など環境性能の高い設備機器を導入することによる維持管理コストの低減や企業のイメージアップ等の CSR 向上など、オーナー側にとっても、省エネ改修を進めることに伴うメリットはあるはずです。

　ビルオーナーとテナントの双方が光熱費削減等の恩恵を受け、Win-Winの関係を実現すべく、両者が協働の上で環境負荷の低減や執務環境の改善についての契約や覚書等による自主的な取り決めを行い、これを実践する取組みは、グリーンリースと呼ばれます[23]。グリーンリースには、①運用改善のグリーンリース（ビルオーナーとテナント間の省エネ・環境配慮、原状回復における協力等に関する取組み）と②改修を伴うグリーンリース（ビルオーナーによる省エネ改修投資のメリットを享受するテナントからビルオーナーにメリットの一部を還元する取組み）があります。ここでは、既存ストックの省エネ化という観点から、改修を伴うグリーンリースをみていくことにします。

　改修を伴うグリーンリースの場合、実務的には、グリーンリース条項といわれる規定を賃貸借契約に盛り込むことになりますが、その大きな主眼は、グリーンリース料をテナントがオーナーに支払うことを通じて、省エネ改修によってテナントが享受する光熱費の削減といった経済的なメリットをオー

23　国土交通省「グリーンリース・ガイド」（https://www.mlit.go.jp/totikensangyo/totikensangyo_tk5_000150.html）2 頁参照。

ナーおよびテナントの双方が享受する仕組みを導入することです。そのため、契約書における具体的な内容としても、テナントがオーナーに対して、一定の期間、一定額（定額制、削減連動制、従量制）のグリーンリース料を共益費や諸費用の名目で支払う旨の合意が主要項目となります。合意にあたっては、双方とも金額や期間の妥当性を検証する必要があります。また、グリーンリース料が定額でない場合には、オーナーはテナントに対してグリーンリース料算定根拠の報告を求めることも必要となります。投資法人やESG等に関心のあるオーナーが保有する不動産においては、グリーンリースは、広く取り入れられているといえます。

6 インフラ分野におけるカーボンニュートラル

インフラ分野におけるカーボンニュートラルに向けた取組みは、大別して、①再生可能エネルギー等によるエネルギーの創生、②新規性のある技術等を通じた省エネ化・脱炭素化、③防災・減災や生物多様性も含めた脱炭素化等に分類することができると考えます。

（1）再生可能エネルギー等によるエネルギーの創生

たとえば、港湾における洋上風力発電設備の設置、道路を活用した太陽光発電の推進、小水力発電の推進、下水道エネルギーの利用促進など、道路、鉄道、港湾、空港、下水道等の既存インフラにおける発電設備の設置が挙げられます。

特に下水道施設については、下水道法上、公共下水道管理者は、下水処理場において発生する汚泥等を燃料や肥料として再利用するよう努めることとされており（同法21条の2）、バイオマスとして活用することが進められています[24]。国土交通省は、公益社団法人日本下水道協会と共同で下水道政策研

---

[24] たとえば、愛媛県松山市の西部浄化センター下水汚泥固形燃料化事業（https://www.city.matsuyama.ehime.jp/kurashi/kurashi/josuido/topix/gesui-Wkokeinenryou.html）など。

究委員会「脱炭素社会への貢献のあり方検討小委員会」を2021年10月1日に立ち上げ、下水道分野におけるカーボンニュートラルの実現に向けた下水道のあり方や必要な方策等の検討を行い、2022年3月に報告書が公表されています。

　また、航空・空港分野に関しては、それぞれ、「航空機運航分野におけるCO_2削減に関する検討会」と「空港分野におけるCO_2削減に関する検討会」が国土交通省の下に設置され、審議が進められてきました。後者においては、2021年3月から空港を再エネ拠点化する方策等が検討され、2022年通常国会において、国が所有する空港周辺の土地・建物に太陽光パネル等の設置を可能とする特例制度を盛り込んだ改正航空法・空港法が成立しました。同改正法は、2022年12月までに施行されることが予定されています。

（２）新規性のある技術等を通じた省エネ化・脱炭素化

　たとえば、カーボンニュートラルポートを目指す取組みでは、水素等の次世代エネルギーの活用が進められていますし、船舶等においても水素燃料船やアンモニア燃料船の開発が進められています。また、交通インフラについてもLRTやBRT等のCO_2排出量の少ない新たな輸送手段の導入が検討されていますし、物流としてはドローンや自動運転、燃料自動車等の活用も進められています。

（３）防災・減災や生物多様性も含めた脱炭素化

　たとえば、グリーンインフラやブルーカーボンが挙げられます。グリーンインフラは、社会資本整備や土地利用等のハード・ソフト両面において、自然環境が有する多様な機能を活用し、持続可能な魅力ある国土・都市・地域づくりを進める取組みです。国土交通省は、2020年3月にグリーンインフラ官民連携プラットフォームを設立し、様々な観点からグリーンインフラを促進する取組みを進めています。また、ブルーカーボンは、藻場、湿地、干潟等の海洋生態系に取り込まれた炭素のことを意味します。藻場等は、森林と並ぶCO_2の吸収源として期待されていますが、国土交通省は、2019年度に

設置した「地球温暖化防止に貢献するブルーカーボンの役割に関する検討会」を設置するとともに、ブルーカーボン・オフセット制度の試行の支援等を通して、ブルーカーボン生態系の拡大促進に向けた取組みを進めています。

（4）国土交通グリーンチャレンジ

　本章冒頭で言及した国土交通グリーンチャレンジにおいては、①省エネ・再エネ拡大などにつながるスマートで強靱なくらしとまちづくり、②自動車の電動化に対応した交通・物流・インフラシステムの構築、③港湾・海事分野におけるカーボンニュートラルの実現、グリーン化の推進、④グリーンインフラを活用した自然共生地域づくり、⑤デジタルとグリーンによる持続可能な交通・物流サービスの展開、⑥インフラのライフサイクル全体でのカーボンニュートラル、循環型社会の実現の6つが、2030年度までの10年間に重点的に取り組む6つのプロジェクトとされています。今後のインフラ分野における脱炭素化の取組みの推進の方向性を占うものとして、重要と考えられます。

図表4-4：国土交通グリーンチャレンジの概要

出典：国土交通省「国土交通グリーンチャレンジ概要」（https://www.mlit.go.jp/report/press/content/001412432.pdf）1頁をもとに筆者ら作成

第5章

企業情報開示と
カーボンニュートラル
法務

これまでの章では、主に、カーボンニュートラルの実現に向けた企業の取組みに関する法的論点を紹介してきました。本章では、そのような企業の取組みにより気候変動問題に対応していくことに関して、ステークホルダー、とりわけ投資家に対して、どのように情報開示をしていくべきなのかを解説します。

 ## 気候変動開示の重要性

　近時、投資家をはじめとするステークホルダーによる、企業の気候変動に関するリスクや機会等への関心が非常に高まっています。たとえば、代表的なステークホルダーである機関投資家については、自らの投資方針に ESG 要素を取り入れ、企業とのエンゲージメント[1]でも重要なテーマとして活発に議論が行われるようになっています。

　こうした動きに対応する形で、気候変動・カーボンニュートラルをはじめとする ESG に関する企業側の情報開示に取り組むことの必要性・重要性が、各企業においても認知されてきています。

　日本企業によるカーボンニュートラルへの取組みは、これまで述べてきたものも含めて積極的に行われており、本来的には高く評価されるべきものも多いのではないかと推測されます。もっとも、いかにすばらしい取組みをしている企業であっても、それが外部者に適切に情報開示されなければ、高い評価に繋がらないおそれがあります。この文脈で、「謙虚であることが日本の美徳であるとされてきたので日本企業はアピールが苦手なのだ」と語られることもあります。また、「なるべくなら開示したくない」といったベースで経営者や開示実務担当者が開示内容を考えるなど、情報開示の重要性が全社的に十分に認識されていないという実務の現場に出会うこともあります。

　他方、アグレッシブに情報開示を進めすぎた結果、情報の受け手に対して

1　エンゲージメントとは、機関投資家による企業の役職員との面談や、株主総会での議決権行使や株主提案等を通じて行われる、企業の持続的成長に向けた目的を持った対話をいいます。

コラム ⑱　グリーンウォッシュ

　グリーンウォッシュとは、環境への配慮を示す「green」とごまかしを意味する「whitewash」が組み合わさった言葉で、環境改善効果を伴わないにもかかわらず、あたかも環境に配慮しているかのように見せかけることをいいます。

　カーボンニュートラルへの各企業による取組みについて、外部からの検証は困難であり、また、何が「グリーン」なのかといった統一的な定義が存在しないことも相まって、これに関連する企業情報開示（本章）やグリーンボンド等のファイナンス（➡第6章1（184頁）参照）において特に問題となっています。

　こうしたグリーンウォッシュへの対応の1つの試みとして、欧州ではサステナブルな経済活動を分類する基準（タクソノミー）が2020年7月に施行されており、日本における今後の議論の動向にも注意が必要です（➡第6章2（1）ウ（191頁）参照）。

誤解を招かせたり、悪質な虚偽の情報を伝えたりしてしまうと、情報開示に関与した関係者が責任を負うおそれがあります。環境への取組みについて実態を伴わないみせかけの開示を行って情報利用者を誤認させることは「グリーンウォッシュ」と呼ばれ世界的に問題となっています。

　本章では、企業による気候変動開示について、任意開示ではなく特に法定開示を見据えて、充実した開示を行うためにどうすればよいか、また、法的責任についてどのような点に留意すべきかについてみていきます。

2　気候変動開示に関する国内外の動向

（1）グローバルの動向

　気候変動開示に関するグローバルの動向は追いきれないほどの多数のもの

がありますが、近い将来に求められることになるであろう日本企業による法定開示を見据えて特に重要なものとして、① TCFD（気候関連財務情報開示タスクフォース）提言、② IFRS 財団のサステナビリティ開示基準、③欧州の動向について紹介します。

ア TCFD 提言

金融安定理事会（Financial Stability Board）が立ち上げた TCFD が2017年に公表した気候変動開示のフレームワークである TCFD 提言は、多くの日本企業をはじめとして世界的に広く支持がなされています。TCFD 提言では、推奨される開示の中核的な要素として、「ガバナンス」、「戦略」、「リスク管理」および「指標と目標」の4つを掲げ、それぞれの開示内容について提言を行っています。

TCFD に関する日本国内の動きとしては、TCFD 提言へ賛同する企業や金融機関等で構成される TCFD コンソーシアムにおいて、企業の効率的な情報開示等の議論がなされており、積極的な活動がなされています。2020年7月には TCFD 提言の解説書として「TCFD ガイダンス2.0」が公表される

図表5‑1：TCFD 提言の開示項目

ガバナンス	戦略	リスク管理	指標と目標
気候関連のリスクと機会に係るガバナンス	気候関連のリスクと機会がもたらす事業・戦略・財務計画への現在および潜在的な影響	気候関連リスクをどのように特定・評価・管理しているか	気候関連のリスクと機会を評価・管理する際に用いる指標と目標

推奨される開示内容

a)気候関連のリスクと機会についての、取締役会による監視体制	a)特定した短期・中期・長期の気候関連のリスクと機会	a)気候関連リスクを特定・評価するプロセス	a)自社の戦略とリスク管理プロセスに沿って、気候関連のリスクと機会を評価する際に用いる指標
b)気候関連のリスクと機会を評価・管理する上での経営陣の役割	b)気候関連リスクと機会が事業・戦略・財務計画に及ぼす影響	b)気候関連リスクを管理するプロセス	b)Scope1、Scope2および自社に当てはまる場合はScope3のGHG排出量と関連リスク
	c)2℃以下のシナリオを含む異なる気候シナリオを考慮した、戦略のレジリエンス	c)気候関連リスクを特定・評価・管理するプロセスが、企業全体のリスク管理にどのように統合されているか	c)気候関連リスクと機会を管理するために用いる目標、および目標に対する実績

出典：TCFD 最終報告書をもとに著者ら翻訳

など、国内企業が情報開示を検討するにあたって参考となる情報が発信されています。

気候変動情報の開示フレームワークは、TCFD 以外にも多くの機関・団体による多様なものが存在し、情報開示を行おうとする企業からは、その収斂が待ち望まれています。そのような中、国際的に認知された団体である IFRS 財団により、TCFD のフレームワーク等をベースとした開示基準の策定に向けた動きが進んでいます。具体的には、2021年11月3日に、IFRS 財団の Technical Readiness Working Group から開示基準のプロトタイプが公表された後、IFRS 財団の国際サステナビリティ基準審議会（ISSB：International Sustainability Standards Board）から、このプロトタイプを元にした開示基準（ISSB 開示基準）の公開草案が2022年3月31日に発表されました。本書執筆時現在においては、2022年7月29日までの120日のパブリックコメント期間中であり、パブリックコメントを踏まえた上で、2022年中の完成が目指されています。そして、その施行時期については公開草案においては示されておらず、パブリックコメントの対象事項とされています。

公開草案によると、ISSB 開示基準は、全般的なサステナビリティ開示基準（IFRS S1 General Requirements for Disclosure of Sustainability-related Financial Information）と個別のテーマである気候変動開示基準（IFRS S2 Climate-related Disclosures）の2つから構成されます[2]。ISSB 開示基準に準拠する気候変動開示にあたっては、気候変動開示基準だけでなく、全般的なサステナビリティ開示基準にも従う必要があります。

気候変動開示基準では、「ガバナンス」、「戦略」、「リスク管理」および「指標と目標」の4項目の開示が求められており、その点は TCFD 提言を踏襲したものになっていますが、TCFD 提言よりもより詳細な開示項目が規定されています。また、TCFD 提言とは異なり、米国サステナビリティ会

---

2 気候変動以外の個別のテーマ（人権、労働慣行、水資源、生物多様性等）についても、将来的に開示基準を策定することが想定されていますが、その策定には時間を要するため、まずはサステナビリティ全般的に適用される開示基準が設けられました。

図表5‑2：ISSB開示基準の概要

全般的なサステナビリティ 開示基準	気候変動開示基準
・サステナビリティ全般を対象 ・マテリアリティ等のコンセプトや、ガバナンス、戦略、リスク管理、指標と目標の4つの開示項目を規定	・気候変動を対象 ・ガバナンス、戦略、リスク管理、指標と目標の4つの開示項目を規定 ・業種別の指標の開示について、SASB（米国サステナビリティ会計基準審議会）基準をベースに策定

その他の個別テーマの開示基準も将来的に策定

計基準審議会（SASB）の基準を活用して、業種別の指標の開示基準が詳細に定められている点も特徴です。

ウ 欧州

　各国において気候変動対応情報の法定開示化が進んでおり、もはやグローバルな流れとなっています。たとえばEUでは、現行のNon-Financial Reporting Directive（NFRD・非財務報告指令）の改正案として、欧州委員会からCorporate Sustainability Reporting Directive（CSRD・企業サステナビリティ報告指令）案が2021年4月に公表され、大企業等に対して詳細な開示要件が要求されることになる予定です。また、EUでは、投資運用を行う金融機関等を対象とした開示規制であるSustainable Finance Disclosure Regulation（SFDR）の適用が段階的に開始されており、金融機関等の事業体レベルと、金融商品レベルでのサステナビリティに関する開示が求められます。

（2）日本の動向

ア 東証の新市場区分に向けたコーポレートガバナンス・コードの改訂

　2022年4月からの東京証券取引所の新市場区分の移行に併せて、2021年6月にコーポレートガバナンス・コードが改訂されました。改訂後のコードでは、サステナビリティへの取組みに関する情報開示のほか、とりわけプライム市場上場会社については、気候変動に係るリスクおよび収益機会が自社の事業活動や収益等に与える影響について、必要なデータの収集と分析を行い、

国際的に確立された開示の枠組みである TCFD またはそれと同等の枠組み
に基づく開示の質と量の充実を進めるべきとされています（補充原則 3-1
③）。なお、この改訂のうちプライム市場上場会社のみを対象とする原則に
ついては、2022年 4 月から適用されています。この改訂は2021年 4 月に金融
庁から公表された「スチュワードシップ・コード及びコーポレートガバナン
ス・コードのフォローアップ会議」の提言を受けてなされたものであり、同
提言では、「今後、IFRS 財団におけるサステナビリティ開示の統一的な枠組
みが TCFD の枠組みにも拠りつつ策定された場合には、これが TCFD 提言
と同等の枠組みに該当するものとなることが期待される」とされており、
ISSB 開示基準がこれに該当することが想定されます。

　なお、コーポレートガバナンス・コードでは、プリンシプルベース・アプ
ローチ（原則主義）が採用され、各上場会社が各原則の趣旨・精神を共有し
た上で、形式的な文言・記載にとらわれず、自社の状況を踏まえて解釈・適
用するものとされています。その解釈・適用の妥当性は、投資者等のステー
クホルダーにより評価されます。また、各原則を実施すること自体は義務と
されておらず、原則を実施するか、または実施しない場合にはその理由の説
明が義務づけられます（コンプライ・オア・エクスプレイン）。したがって、
この意味では、プライム市場上場会社においても、コーポレートガバナン
ス・コードに基づいて、TCFD 提言等に基づく開示の質と量の充実を進め
ることが必ずしも義務づけられているわけではありません。もっとも、その
ような開示の充実を進めない場合には、その理由の説明（エクスプレイン）
を十分に行うことが必要です。そして、十分な理由の説明ができるのであれ
ば、形だけ遵守（コンプライ）するよりもステークホルダーからは評価され
るケースもあると思われます。

イ　金融庁・サステナブルファイナンス有識者会議報告書

　2021年 6 月に、金融庁のサステナブルファイナンス有識者会議の報告書
「持続可能な社会を支える金融システムの構築」が公表されました。この報
告書では、サステナビリティ情報の開示一般についてのほか、気候変動関連
情報について、法定開示書類での開示に関する意見にも言及しつつ、

COP26に向けたIFRS財団等の国際的な動向を注視しながら、気候変動関連情報の開示の充実に向けた検討を継続的に進めていくことが重要であるとの提言が行われています。

ウ　金融庁・金融審議会ディスクロージャーワーキング・グループ

サステナブルファイナンス有識者会議報告書が公表された後の2021年9月、金融庁で金融審議会ディスクロージャーワーキング・グループが設置されました。同ワーキング・グループでは、企業情報の開示のあり方について幅広く検討が行われ、気候変動対応等のサステナビリティに関する法定開示について、2022年6月に提言がなされました。具体的には、気候変動開示における重要性（マテリアリティ）の考え方、TCFD提言、ISSB開示基準および諸外国の開示基準の動向等を踏まえた開示充実の方向性や開示項目や開示場所について提言がなされています。この提言が将来の有価証券報告書のルール改正に繋がるため、今後の動向にも注意が必要です。

エ　金融庁・記述情報の開示の好事例集

2021年12月に、金融庁からサステナビリティ情報に関する「記述情報の開示の好事例集2021」が公表され、その中で気候変動に関する開示例が紹介されています。ポイントを示しつつ開示例が紹介されており参考になるところです。

オ　経済産業省・非財務情報の開示指針研究会

2021年6月に、気候変動開示を含む非財務情報の開示指針の方向性について認識の共有を行いながら、非財務情報の利用者との質の高い対話に繋がる開示、および開示媒体のあり方について検討等が行われている研究会です。2021年11月に中間報告が公表され、その後、本書執筆時現在も議論が継続しています。

カ　JPX ESG Knowledge Hub

上場会社によるESG情報開示の実践に有益となるコンテンツを提供している、株式会社日本取引所グループのプラットフォームです。開示を実践するためのセミナーや国内外の動向等が紹介されています。

キ　一般社団法人 ESG 情報開示研究会

　100超の事業会社や機関投資家等が参画する民間の団体であり、効果的で効率的な ESG 情報開示フレームワークの探求等の任意的な取組みが行われています。2022年 6 月に同研究会からホワイトペーパーが公表されました。

3　法定開示書類における気候変動開示

（1）法定開示書類に開示することの意義

　統合報告書やサステナビリティレポートなど、法で開示が強制されていない任意の書類を公表し、その中で気候変動について開示を行えば、ステークホルダーには自社の取組みを自由度の高い形で伝えることができ、それで十分なようにも思われます。実際に、一部の上場企業を中心に ESG 情報について任意の開示について創意工夫をもって自主的に取り組まれています。そのような中で、なぜ金融商品取引法に基づいて情報開示を強制することが議論されているのでしょうか。

ア　比較可能性

　金融商品取引法に基づき有価証券報告書等において情報開示を強制することの目的や機能については過去から多くの議論がありますが、とりわけ気候変動開示については、比較可能性の確保が大きな意味を持ちます。

　すなわち、情報開示を各企業の任意に委ねるのみでは、投資家が企業評価・投資判断を行うにあたって、同じ尺度で複数の企業を比較することが困難になります。有価証券報告書等では、様式の形式で提出義務者が記載すべき事項がカテゴライズされており、そのカテゴリーに基づいて全社が情報開示を行うため、情報利用者の立場からは、その情報の比較可能性が高まることになります。気候変動を踏まえた企業のリスク、機会、戦略等は、各企業の業種、事業内容や経営環境等によって大きく異なり、その結果、投資家に伝える必要のある情報は異なります。そのため、何を開示するかが自由な任意の開示だけでは、情報利用者が各企業の比較を行うことは難しく、この点

に法定開示の意義があると思われます。

　他方で、過度な細則主義・形式主義に陥ってしまうと、紋切り型の画一的な開示を招きかねず、情報の有用性が失われるため、開示事項を定めるにあたっては柔軟性の確保とのバランスも必要です。特に、日本企業の有価証券報告書の伝統的な開示の中には、記述情報（非財務情報）について具体的な内容に乏しく、同業他社などと横並びで同じ言い回しの表現を用いた開示が多数存在していました。近時は記述情報の充実化が徐々に図られてきていますが、まだ十分とはいえず、そのような日本企業の開示の従前の状況を踏まえると、柔軟性の確保にも相応の重きを置いたルールが望まれます。

イ　開示責任による実効性確保

　前記のとおり、環境への取組みについて実態を伴わないみせかけの開示を行って情報利用者を誤認させる「グリーンウォッシュ」が昨今懸念されており、気候変動情報を開示責任の伴う法定開示の枠組に含めることで、開示情報の正確性の確保が期待できます。

　金融商品取引法上、有価証券報告書等に、重要な事項について虚偽の記載があり、または記載すべき重要な事項もしくは誤解を生じさせないために必要な重要な事実が欠けている場合には、有価証券報告書の提出会社など一定の者は、刑事責任や民事責任を負う可能性や課徴金賦課の可能性があります。たとえば、有価証券報告書の不実開示に関する提出会社の損害賠償責任の概要は図表5-3のとおりです。

　有価証券報告書等に虚偽等があった場合には、このように投資家から損害賠償を求める訴訟が提起される可能性があります。気候変動開示に関しては、通常の損害賠償請求のように金銭的な解決を求める訴訟とは性質が異なる面にも注意が必要です。気候変動関連の訴訟は、損害賠償請求の形で行われつつも、それに伴って、原告が環境保護団体等の支援も受けて、被告企業にとどまらない他企業、社会、国の気候変動に関する取組みの在り方の変容を求める形での展開をみせる可能性があります。当該案件がマスメディアやSNS等で過度に大きく取りあげられることによるレピュテーションリスクが、損害賠償や和解金支払による財務的な負担よりも遙かに大きいケースも

図表 5‑3：不実開示に関する提出会社の損害賠償責任の概要

責任原因	有価証券報告書に ・重要な事項について虚偽がある ・記載すべき重要な事項が欠けている、または ・誤解を生じさせないために必要な重要な事実が欠けている
根拠条文	金商法21条の2
請求権者	有価証券報告書の公衆縦覧期間中に募集・売出しによらないで有価証券を取得・処分した者
賠償額	虚偽記載等の公表日前1年以内取得かつ公表日に継続保有の場合の賠償額の推定： 公表日前1か月間の市場価額平均額－公表日後1か月間の市場価額平均額 上限：取得価額－請求時市場価額 or 請求前処分価額
過失	虚偽記載等につき善意・無過失が証明できた場合に免責（立証責任の転換）
因果関係	虚偽記載等の公表日前1年以内取得かつ公表日に継続保有の場合、立証不要（立証責任の転換）
時効・除斥期間	2年・5年（金商法21条の3）

想定されます。

　なお、法定開示書類について法定責任の定めがあることは、任意の開示書類の場合に開示者は何らの法的責任を負わないということを意味しません。任意の開示書類の場合でも、金融商品取引法に基づく特別の法的責任の制度はないものの、たとえば一般不法行為責任の可能性があるため、いずれにしても開示情報の正確性には慎重を期す必要があります。

（2）現行法上の開示義務

　現行の金融商品取引法や企業内容等の開示に関する内閣府令上、有価証券報告書等において気候変動対応についての個別の開示は求められていません。もっとも、企業の経営方針、経営戦略、経営環境、対処すべき課題、事業等のリスク、経営者による財政状態、経営成績およびキャッシュフローの状況の分析（MD&A）などについては、現行法の下でも有価証券報告書等の開示

事項となっており、これらの開示事項の中で、気候変動対応について述べる開示例が増えてきています。また、「企業内容等の開示に関する留意事項について」（企業内容等開示ガイドライン）A1－7⑵では、「投資者の投資判断に誤解を生ぜしめないためには、個別に規定されていない事項であっても、投資者の投資判断上、重要な事項であれば開示される必要がある」とされているように、気候変動情報についてはその限度では既に開示が義務づけられているともいえます。

　なお、現行法上の開示義務は以上のとおりですが、金融審議会ディスクロージャーワーキング・グループにおいて、気候変動を含むサステナビリティ開示についての「記載欄」を有価証券報告書に設けることが提言されており、今後の改正動向にも注意が必要です。

　また、金融商品取引法に基づく制度とは異なるものとして、脱炭素経営・非化石エネルギーへの転換に向けた規制の観点から、一定の企業は温対法や省エネ法に基づく温室効果ガス排出やエネルギーに関する報告制度の対象になっています（➡第1章3（11頁）参照）。

（3）重要性の考え方

　このように、法定開示において何を開示しなければならないかという観点で、気候変動情報の開示における重要性（マテリアリティ）の概念は非常に重要となります。そもそもマテリアリティの概念について国際的に統一された見解があるわけではなく、以下のような様々な考え方があるところです。

ア　シングルマテリアリティとダブルマテリアリティ

　「気候変動が企業に与える影響」についての重要性を基準とするものをシングルマテリアリティといい、「気候変動が企業に与える影響」に加えて「企業が気候変動に与える影響」の重要性も基準とするものをダブルマテリアリティといいます。

イ　ダイナミックマテリアリティ

　以上の考え方とは別に、民間の主要基準設定5団体（CDP、CDSB、GRI、IIRC、SASB）が2020年12月に共同で公表した報告書（Reporting on enterprise

図表 5‒4：シングル・ダブルマテリアリティ

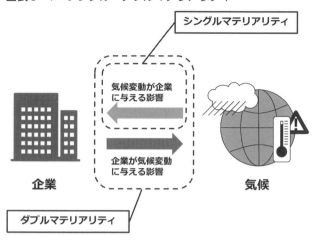

シングルマテリアリティ

気候変動が企業
に与える影響

企業が気候変動
に与える影響

企業　　　　　　　　　　　　気候

ダブルマテリアリティ

図表 5‒5：ダイナミックマテリアリティ

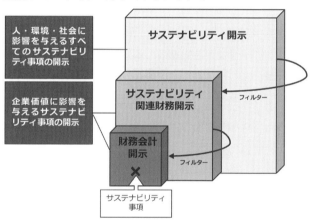

人・環境・社会に
影響を与えるすべ
てのサステナビリ
ティ事項の開示

サステナビリティ開示

企業価値に影響を
与えるサステナビ
リティ事項の開示

サステナビリティ
関連財務開示

フィルター

財務会計
開示

✕

フィルター

サステナビリティ
事項

出典：Reporting on enterprise value - Illustrated with a prototype climate-related financial
　　　disclosure standard をもとに著者ら作成

value - Illustrated with a prototype climate-related financial disclosure
standard）では、ダイナミックマテリアリティという考え方が示されてい
ます。これは、サステナビリティに関する事項は、時間の経過とともに企業
価値に影響を与え、財務諸表にも取り込まれるものもあるという動的な考え
方を示すものです。

以上のマテリアリティの概念について、グローバルな動きとしては、TCFD 提言ではシングルマテリアリティの概念を採用しているのに対し、EU の CSRD（企業サステナビリティ報告指令）では、ダブルマテリアリティの概念が採用される予定です。

また、ISSB 開示基準では、ベースとなる基準（グローバルベースライン）を設定し、その上に各国が政策の優先順位に基づいて、より広範な要求事項や特定の開示の要求事項を追加するという、ビルディングブロックアプローチが採用される予定です。そしてそのベースとなる基準では、シングルマテリアリティが採用される予定です。また、各開示のタイミングでその時々の状況等を踏まえて重要性の判断を行わなければならないとして、ダイナミックマテリアリティの考え方が採用される予定です。

それでは、日本の法定開示においてはどのように考えるべきでしょうか。マテリアリティの概念は、情報利用者（ステークホルダー）として誰を想定するかにも関連しています。金融商品取引法に基づく有価証券報告書等の法定開示書類の文脈では、情報利用者は投資家であり、投資家が重視する「気候変動が企業に与える影響」についての重要性を基準とするシングルマテリアリティの考え方に親和性があります。この点、金融庁の「記述情報の開示に関する原則」においても、記述情報の開示の重要性は投資家の投資判断にとって重要か否かにより判断すべきとされています（原則 2 - 2 の「考え方」）。また、その重要性は、有価証券報告書等の各開示のタイミングにおいて判断することが一般的であり、その点でダイナミックマテリアリティの考え方が通用すると考えられます。なお、シングルマテリアリティの考え方であっても、企業が気候変動に与えることが、企業価値やそれに関する投資家の投資判断に重要であればその範疇に入ると思われますので、投資家の ESG への関心が高まっていることも踏まえれば、いずれの考え方に立つかによって開示に非常に大きな差が出るということではないようにも思われます。

4 法定開示書類作成の実務対応

　以上を踏まえて、実際に有価証券報告書等における気候変動に関する開示をどのように作成していくべきか、これは各企業の個別具体的な状況によりますが、実務対応として6つのポイントを紹介します。

（1）ストーリーの説明

　気候変動開示において重要なのは、各企業が自社の気候変動への取組みについて、断片的な情報ではなく、経営の観点からの全体像が十分に示せているかであると考えられます。気候変動対応は各社により状況が大きく異なるため、財務諸表における会計基準のように共通の物差しを企業側も投資家側も持っている領域ではありません。そのため、企業や経営者の考えている気候変動対応の姿が、開示書類を読んだ投資家の側で複製できているかという認識の共通化が必要であると考えられます。経営の観点からの全体像を十分に示すためにどうすればよいかについては、TCFD提言やISSB開示基準が1つの参考になると思われます。

　まずは、気候変動・カーボンニュートラルに関する社内外の状況の適切な把握と分析を行うという観点で、外部環境（現状と将来のシナリオ）と自社の温室効果ガス排出状況を把握した上で、リスクと機会を特定することが有

図表5‑6：6つの実務対応ポイント

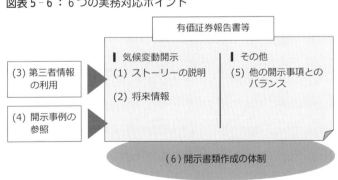

益です。なお、リスクについては、移行リスク・物理的リスクの2つに分けることも有益です（ただし、法定開示の観点からは、この型に嵌めて考えなければならないものでもありません。）。ここでは、外部環境・自社の温室効果ガス排出状況をどのように捉えてリスク・機会を特定したのか、という両者の関係やストーリーを示すことが重要と思われます。たとえば、リスク・機会を表に箇条書きで列挙するのみの開示では、この点が投資家には分かりにくくなる可能性があり、定性的な文章による説明を加えることが検討に値します。

　次に、リスク・機会を踏まえて、自社の戦略を説明することになります。ここでは、気候変動・カーボンニュートラルに限らない会社全体としての経営方針や経営戦略との関係を整理して伝えることが重要です。また、個別の戦略・施策についても、単にそれらを列挙するだけでなく、位置づけや前提、財務への影響、レジリエンス（企業が気候変動に関する不確実性に対応する能力）などに関する情報を明確に伝えることが必要となります。

　また、以上を支える気候変動に関するガバナンスやリスク管理に関する情報を開示する際には、その内容とともに、どのように全社的なガバナンスやリスク管理のプロセスに取り込まれているかの開示も有益な情報となります。

　加えて、リスクと機会を測るための指標と目標を開示する場合には、なぜその指標が重要なのかについても、自社の状況や自社が属する業界の特性を踏まえながら説明することが、投資家の理解の促進につながると思われます。

（2）将来情報

　開示責任との関係で、気候変動に関する情報開示については将来情報の扱いに留意が必要です。

　気候変動に関する開示は、2030年や2050年といった法定開示書類で通常開示しているものよりも長期の将来に関する情報が含まれ得ることになります。将来情報は本質的に不確実な情報であって、将来に開示したとおりの結果にならなかったとしても、そのこと自体をもって虚偽記載等の責任が生じると考えるべきではなく、開示時点において当該将来情報の開示に合理的な根拠があったかが重要であると思われます。たとえば、金融庁は、将来情報の開

図表5‒7：将来情報についての金融庁の見解

		金融庁見解
開示事項	経営目標	・有価証券報告書に合理的に算出した具体的な目標数値を記載した場合、提出日現在においてその後の事情の変化が予測できていなかったのであれば、当該有価証券報告書の訂正不要 ・目標値についての提出日現在における判断が合理的であれば、目標値と実績値がかい離したことのみをもって、金商法上の虚偽記載となることは考えにくい 出典：2017年2月14日付「企業内容等の開示に関する内閣府令」等の改正案に対するパブリックコメントの結果等について（項番3）
	事業等のリスク	・虚偽記載に該当するかどうかは個別判断 ・しかし、提出日現在において、経営者が企業の経営成績等の状況に重要な影響を与える可能性があると認識している主要なリスクについて、一般に合理的と考えられる範囲で具体的な説明がされていた場合、提出後に事情が変化したことをもって、虚偽記載の責任を問われるものではない ・一方、提出日現在において、経営者が企業の経営成績等の状況に重要な影響を与える可能性があると認識している主要なリスクについて敢えて記載をしなかった場合、虚偽記載に該当することがあり得る 出典：2019年1月31日付「企業内容等の開示に関する内閣府令」の改正案対するパブリックコメントの結果等について（項番16）

示について図表5‒7の見解を示しています。

　もっとも、何をもって合理的な根拠があるといえるかは実務的には判断が非常に難しいところです。また、将来に開示したとおりの結果にならなかった場合に最終的に法的責任を負わないとしても、投資家からの責任追及がなされやすくなり紛争に巻き込まれること自体の負担も軽視できません。さらに、たとえば、上場会社が公募増資による資金調達を行う場合に提出する有価証券届出書について、組込方式や参照方式を利用して有価証券報告書を組込・参照書類とする場合には、引受証券会社が、有価証券報告書も含めて審査を行い、金融商品取引法に基づく虚偽記載等の責任主体として列挙されているところ、当時の有価証券報告書の作成自体には関与していない外部者である引受証券会社の立場からすると、気候変動の将来情報に関する取扱いの

判断に困難を伴う可能性もあります。

　気候変動に関する開示において将来情報の充実は必須と思われるため、関係者が開示に取り組みやすいようなさらなる整理・明確化が望まれるところです。

（3）第三者情報の利用

　気候変動という外部環境に関する分析等を行う上で、第三者の提供する情報を利用して開示するということが想定されます。かかる情報の開示にあたっては、信頼性のある第三者データであるか、自社に都合のよいデータのみをチェリーピックしていないか、データの引用は正確か、重要な前提条件を明記しているか、第三者のデータと自社の情報との区分けは明確になっているか等に留意が必要となります。

（4）開示事例の参照

　金融庁が公表した「記述情報の開示の好事例集2021」では、気候変動についての有価証券報告書における実際の開示例を紹介しているため、他社がどのような開示を行っているのかを参考にすることができます。ただし、気候変動への取組みは業種や各社の状況により全く異なるため、ボイラープレート・紋切り型の開示にならないように特に注意が必要です。そのため、他社事例を読む場合には、「この程度の開示で許されているから自分の会社も同じ文言を使ってこの程度でよい」といったスタンスで参考にするのではなく、充実した開示を行っているポイントを見つけて、それを自社に取り込むというスタンスが期待されます。

　また、開示例はあくまでその時点における到達点にすぎず、TCFD賛同企業においても有価証券報告書等でTCFD提言の開示項目を開示している例は少数であることも踏まえると、既存の開示例全体として必ずしもベストプラクティスの域にまで達していないという可能性もあります。

（5）他の開示事項とのバランス

　有価証券報告書等において気候変動に関する開示をいかに充実させるかを検討するのと並行して、他の開示事項とのバランスにも留意が必要です。これは、単なる書類上の見た目の問題だけではありません。気候変動に関して非常に充実した個別具体的な情報の開示ができあがったとして、気候変動以外に関する開示が一般的抽象的なものに留まると、気候変動以外に関する開示が十分に行われていないのではないかという疑義が生じるおそれがあります。たとえば、気候変動に関するリスクについて、有価証券報告書の事業等のリスクの項目においてきめ細やかに開示しつつ、他のリスク（たとえば、マクロ経済、競合状況、サプライチェーン、技術革新、海外展開、M&Aアライアンス、法規制・コンプライアンス、情報セキュリティ等）については当たり障りのない一般的な開示に留まっている場合、決して気候変動のみが特に重要なリスクではないはずなのに、他のリスクが軽視されるような外観が生じてしまいます。このような状況は、投資家に誤解を与えたり重要な事項が欠けているというクレームにつながったりするおそれがあります。

　特に、TCFD提言やISSB開示基準等に準拠する形で気候変動開示を行う場合、気候変動については非常に充実した開示ができあがるはずですので、その分、他の開示項目の開示レベルの引き上げも同時に検討することも重要です。

（6）開示書類作成の体制

　特に大企業においては、たとえば事業等のリスクは法務部門の担当など、有価証券報告書の開示項目ごとに主担当の部署が割り当てられ、開示文章の作成が行われることもあります。これまで見てきたように、気候変動は横断的な開示が必要となるため、気候変動に関する法定開示を行うためには、サステナビリティ部門、IR部門、経営企画部門、財務部門、経理部門、法務部門、IT部門、取組みを実践する各事業部門といった様々な部門間の連携が特に必要となります。また、この連携を円滑に行うためや、気候変動に関

する取組みについて経営方針、経営戦略との関係を明確に打ち出すためには、経営陣のコミットも不可欠となります。

　また、投資家のための法定開示書類であることを踏まえると、資本市場に精通した外部の弁護士による客観性や合理性の確認のためのレビューも有用と思われます。

第6章

ファイナンス取引と
カーボンニュートラル
法務

本章では、カーボンニュートラルを実現するために、各企業が資本市場・金融機関から資金を調達するための手法について概観します。

1　カーボンニュートラルの実現に向けた資金調達方法

　カーボンニュートラルの実現には、各企業によるカーボンニュートラルへの取組みを促進するための資金供給が必要不可欠といえます。

　従前より、カーボンニュートラルの実現に直接的に寄与するグリーンプロジェクト（再生可能エネルギー、省エネルギー、クリーンな運輸に関する事業等に関するプロジェクト）に要する資金を調達するためのグリーンファイナンスや、カーボンニュートラルに関連した野心的なサステナビリティ・パフォーマンス・ターゲット（SPTs）の実現を奨励するサステナビリティ・リンク・ファイナンスにより、企業のカーボンニュートラルへの取組みへの資金供給は行われてきました。これらに加え、特に GHG の排出削減が困難なセクターにおける省エネ等の着実な低炭素化に向けた取組みや、脱炭素化に向けた長期的な研究開発等のトランジションに資する取組みへの資金供給を促進していくために、トランジション・ファイナンスと呼ばれるカテゴリーも登場しています。

　これらのファイナンスは、それぞれについて、債券等の証券[1]を発行することによって広く資本市場から資金を調達する形態と、金融機関（主に銀行）からローン（貸付）の形で資金を調達する形態の2種類があり得ますので、全6種類の類型があります[2]。

　ただし、これらの種類は並列的なものではなく、重なり合うものでもあるため、理解を複雑にしています。たとえば、2021年に株式会社髙松コンスト

1　債券のほかにも株式等のエクイティファイナンスもありますが、本書では割愛します。

2　これらのほかに、サステナビリティボンドという類型もあります。サステナビリティボンドとは、調達資金のすべてがグリーンプロジェクトとソーシャルプロジェクトの両方の性質を併せ持つプロジェクトに充当され、ICMA GB 原則とソーシャルボンド原則（Social Bond Principles）の4つの核となる要素に適合する債券を指しますが、本書では紙幅の関係上、詳細な説明は割愛します。

図表6‒1：カーボンニュートラル実現のための資金調達方法

グリーンファイナンス	グリーンボンド
	グリーンローン
サステナビリティ・リンク・ファイナンス	サステナビリティ・リンク・ボンド
	サステナビリティ・リンク・ローン
トランジション・ファイナンス	トランジション・ボンド
	トランジション・ローン

ラクショングループが発行した社債は、後述するグリーンボンドとサステナ
ビリティ・リンク・ボンドの両方の原則・ガイドラインに適合するものとし
て発行されました（「サステナビリティ・リンク・グリーンボンド」という名称
で発行されました。）。また、トランジション・ファイナンスと、グリーン
ファイナンス、サステナビリティ・リンク・ファイナンスの重なり合いにつ
いても後述します。

（1）各種原則・ガイドライン

　ある資金調達をグリーンファイナンス、サステナビリティ・リンク・ファ
イナンスまたはトランジション・ファイナンスと呼ぶための基準や要件を定
めた法律は国内に存在しません。しかしながら、これらの資金調達に際して
は、国際的な業界団体や国内の環境省・経済産業省・金融庁が策定・公表す
る以下のような原則・ガイドライン等が参照されています。

　まず、債券による資金調達に関しては、国際的な資本市場に携わる関係者
の自主規制団体である国際資本市場協会（ICMA）から、図表6‒2に記載の
ものが策定・公表されています[3]。

　国内では、こうした海外の動きを受けて、図表6‒3に記載のガイドライ
ン等が策定・公表されています。

　なお、サステナビリティ・リンク・ボンドに関するガイドラインは、日本

3　これらに加え、2017年にサステナビリティボンド・ガイドライン（Sustainability
　Bond Guidelines）も策定・公表されています。

図表 6 - 2：債券による資金調達方法に適用される海外の原則・ガイドライン等

名称	本書での呼称
グリーンボンド原則 (Green Bond Principles)	ICMA GB 原則
サステナビリティ・リンク・ボンド原則 (Sustainability-Linked Bond Principles)	ICMA SLB 原則
クライメート・トランジション・ファイナンス・ハンドブック (Climate Transition Finance Handbook)	ICMA CTF ハンドブック

図表 6 - 3：債券による資金調達方法に適用される国内の原則・ガイドライン等

名称	本書での呼称
グリーンボンドガイドライン	環境省 GB ガイドライン
クライメート・トランジション・ファイナンスに関する基本指針	国内 CTF 基本指針

では現時点では策定されていませんが、環境省が2021年12月に設置したグリーンファイナンスに関する検討会（以下「環境省グリーンファイナンス検討会」といいます。）では、サステナビリティ・リンク・ボンドに関してもガイドラインを策定すべきではないかという方向の議論がなされており、2022年4月に環境省からその案が公表されました。

　次に、ローンによる資金調達に関しては、シンジケート・ローンに携わる関係者の国際的な業界団体である Loan Market Association (LMA) を含む3団体によって以下の図表6 - 4に記載するものが策定・公表されています。

　国内では、こうした海外の動きを受け、図表6 - 5に記載するガイドラインが策定・公表されています。

　なお、トランジション・ファイナンスをローンの形で行うケース（トランジション・ローンやトランジション・リンク・ローン[4]）についての国際的な原

4　サステナビリティ・リンク・ローンのように SPTs を設定するタイプのトランジション・ローンをトランジション・リンク・ローンと呼びます。川崎汽船株式会社が2021年9月27日に締結したものが国内初のトランジション・リンク・ローンとされています。

図表6-4：ローンによる資金調達方法に適用される海外の原則・ガイドライン等

名称	本書での呼称
グリーンローン原則 (Green Loan Principles)	LMA GL 原則
サステナビリティ・リンク・ローン原則 (Sustainability Linked Loan Principles)	LMA SLL 原則

図表6-5：ローンによる資金調達方法に適用される国内の原則・ガイドライン等

名称	本書での呼称
グリーンローン及び サステナビリティ・リンク・ローンガイドライン	環境省 GL/SLL ガイドライン

則・指針としては、現時点で公表されているものはありませんが、国内
CTF 基本指針は、「本基本指針は主に債券を対象とした記載となっているが、
ローンにおいても同様の考え方を活用することが可能である。」と述べてお
り、国内 CTF 基本指針はローンの形で行うトランジション・ファイナンス
についても一定の指針を示しています。

　これらの原則・ガイドラインは法規範ではありませんので、「グリーン」、
「サステナビリティ・リンク」または「トランジション」のラベリングをし
た資金調達がこれらの原則・ガイドラインが示す要素を満たさないものだっ
たとしても、法令上の罰則等が課されるわけではありません。もっとも、こ
れらの原則・ガイドラインが策定された主な狙いは、環境改善効果が伴わな
いにもかかわらず、あたかも環境改善効果があるように見せかける「グリー
ンウォッシュ」などと懸念される債券・ローンが取引されることに関する市
場の牽制を働かせることにより、これらのファイナンスへの信頼性を確保し、
市場から十分な資金を呼び込むことができるようにするという点にあります
ので、市場関係者は自主的にこれらの原則・ガイドラインに準拠して債券や
ローンを組成しており、それが一般的なプラクティスになっているといえま
す（➡コラム⑱〈グリーンウォッシュ〉（165頁）参照）。ただし、各原則・ガイ
ドラインの内容は、相互の整合性に配慮する形で策定・改訂が進められてい

るものの統一はされておらず、また、債券やローンの呼称も色々なものが存在する（たとえば「ESG/SDGs ボンド」）ため、さらなる明確化が望まれるところです。

（2）各類型の特徴

　以下では、グリーンファイナンス、サステナビリティ・リンク・ファイナンスおよびトランジション・ファイナンスの各類型について、3つの視点を設けて、その特徴を整理してみようと思います。

ア　資金使途の特定・不特定

　調達した資金の使途が特定されている必要があるかという視点からは、グリーンファイナンスは、その資金使途がグリーンプロジェクトに限定される必要がありますが、サステナビリティ・リンク・ファイナンスは、資金使途を限定する必要がありません。そして、トランジション・ファイナンスは、資金使途を特定するタイプのものと、資金使途を特定しないタイプのものの両方が存在し得ます。

イ　目標の達成・不達成と経済条件の連動の有無

　一定の目標の達成・不達成と債券・ローンの経済条件が連動する仕組みになっているかという視点からは、サステナビリティ・リンク・ファイナンスはそのような仕組みがあることが前提となっていますが、グリーンファイナンスやトランジション・ファイナンスでは、そのような仕組みは必ずしも要素にはなりません。

ウ　債券かローンか

　グリーンファイナンス、サステナビリティ・リンク・ファイナンスおよびトランジション・ファイナンスのそれぞれに関して、債券とローンの形態があり得ることは前記のとおりです。債券を不特定多数の投資家に発行する場合には、投資家はその発行の過程に関与することなく投資を行うことになるため、発行体に対しては、商品設計の画一性と情報提供の透明性・客観性が期待されることになります。これに対し、ローンの場合は、その組成の過程で借入人と限られた貸付人の間で十分な対話がなされ、合意が形成されるこ

とが前提となっていますので、債券とは前提が異なっており、柔軟な商品設計の余地があり、また、情報提供の透明性・客観性に関しても、債券と比較するとそこまで厳格に要請されるものではないといえます。

2 グリーンファイナンス

（1） グリーンボンド

ア 概要

　グリーンボンドとは、企業や地方自治体等が、国内外のグリーンプロジェクトに要する資金を調達するために発行する債券であり、具体的には、①調達資金の使途がグリーンプロジェクトに限定され、②調達資金が確実に追跡管理され、③それらについて発行後のレポーティングを通じ透明性が確保された債券のことをいいます[5]。

イ 原則・ガイドライン等

　国内で発行されるグリーンボンドは、環境省 GB ガイドライン[6]と ICMA GB 原則に即した形で組成されています。

　環境省 GB ガイドライン・ICMA GB 原則は、以下の4つの側面においてグリーンボンドに期待される事項と具体的な対応方法を示しています[7]。

① 　調達資金の使途

② 　プロジェクトの評価および選定のプロセス

③ 　調達資金の管理

④ 　レポーティング

5 　環境省 GB ガイドライン2章1. を参照。

6 　なお、ICMA GB 原則は2021年6月にその一部が改訂されています。環境省グリーンファイナンス検討会では、ICMA GB 原則の改訂内容に即して環境省 GB ガイドラインの内容も見直されるべきという流れで議論が進んでおり、2022年4月に環境省から同ガイドラインの改訂案が公表されました。

7 　これらに関して環境省 GB ガイドラインは、その期待される事項として「べきである」と記載されている事項のすべてに対応した債券は、国際的にもグリーンボンドと認められ得るとの前提に立っています。

環境省 GB ガイドライン 3 章において「べきである」と記載されている事項の例としては、まず、前記 4 つの側面の①および②に関連して、グリーンボンドにより調達される資金は「明確な環境改善効果をもたらすグリーンプロジェクト」に充当されるべきであること、そして、グリーンボンドの資金使途は、目論見書等の法定書類（関係者間で締結される契約書等を含みます。）その他の書類によって、投資家に対して事前に説明すべきであること、とされています。環境省 GB ガイドラインは、その付属書 1 に「明確な環境改善効果をもたらすグリーンプロジェクト」の具体的な例をリストアップしていますが、これらは例示に過ぎず、付属書 1 に記載のないプロジェクトが排除されるものではありません。また、投資家に対しては、調達資金を使う個々のプロジェクトの「環境面での目標」、調達資金の充当対象とするグリーンプロジェクトが環境面での目標に合致すると判断するための「規準」、およびその判断の「プロセス」を説明すべきとされていますが、グリーンボンドにより調達される資金の充当対象となる個別のプロジェクトが決定している場合には、「規準」を定める必要はないとされています。

　さらに、前記③および④に関連して、調達資金は会計上区別された補助勘定で管理したり、その他事業用資金とは別の預金口座に入金して管理したりといった適切な方法で管理した上で、調達資金の使用に関する最新情報を、少なくとも年に 1 回および大きな状況の変化があった場合、発行体のウェブサイトに情報を掲載する等の方法により、一般に開示すべきであるとされています。

　また、環境省 GB ガイドラインでは、発行体が、グリーンボンド発行に関するフレームワークに関する前記①から④の自らの対応について、客観的評価が「必要と判断する場合」には、外部機関によるレビュー（セカンド・パーティ・オピニオン等と呼ばれます。）を活用することが「望ましい」とされています。これに関して、国際基準である ICMA GB 原則が2021年 6 月に改訂され、前記①から④に適合したフレームワークの策定と外部機関によるレビューが「重要な推奨項目」（Key Recommendations）として位置づけられました。このような国際的な動向を踏まえた環境省 GB ガイドラインの

改訂について、環境省グリーンファイナンス検討会で議論が進んでいます。

ウ　実務上のポイント

㋐　「グリーン性」の認定基準

　前記イで説明したとおり、環境省 GB ガイドライン・ICMA GB 原則では、グリーンボンドにより調達される資金は「明確な環境改善効果をもたらすグリーンプロジェクト」に充当されるべきであるとされていますが、環境省 GB ガイドライン・ICMA GB 原則は「明確な環境改善効果」を判断する際の観点を特段示しておらず、具体的な資金使途の例を示すにとどまっています。

　この点、欧州では、グリーンボンドに関して欧州独自のルールを設定し、「グリーンウォッシュ」を防止するために「グリーン性」の認定基準の一助として、サステナブルな経済活動を分類する基準（タクソノミー）が2020年7月に施行されています。

　日本では、2021年6月に金融庁が公表したサステナブルファイナンス有識者会議の報告書において、サステナブルファイナンス推進のための政策ツールとしてのタクソノミーの可能性を肯定しつつも、タクソノミーの基準設定の科学性の担保の困難性や、基準設定に関するコストや基準の見直しが頻繁に行われない限りは判断の固定化を招きかねないといった点への指摘がなされており、慎重な姿勢が示されています。日本の方向性はまだ定まっていませんが、今後の議論に注意していく必要があります。

㋑　開示書類における開示

　グリーンボンドを国内の投資家に対して公募で発行する場合には、金融商品取引法上の有価証券届出書、発行登録書（訂正発行登録書や発行登録追補書類も含みます。）、目論見書において、調達資金の使途やグリーンボンドのフレームワークを開示することが行われています。これらの有価証券届出書等において、重要な事項について虚偽の記載があり、または記載すべき重要な事項もしくは誤解を生じさせないために必要な重要な事実が欠けている場合には、その提出会社など一定の者は、刑事責任や民事責任を負う可能性や課徴金賦課の可能性があります。有価証券届出書等の法定開示書類についての留意事項は、有価証券報告書についての留意事項と共通する部分もあります

（➡第5章（163頁）参照）。

　また、グリーンボンドを海外の投資家に対して発行する場合（いわゆる外債発行）には、当該海外市場の法令およびプラクティスに従った開示媒体（たとえば、Prospectus や Offering Circular といった英文目論見書）において、調達資金の使途やグリーンボンドのフレームワークを開示することが行われています。一般に、外債発行は国内債発行に比べると不実開示による損害賠償責任のリスクが高いといわれており、その開示内容について特に慎重な対応が必要となります。

（2）グリーンローン

ア　概要

　グリーンローンとは、企業や地方自治体等が、国内外のグリーンプロジェクトに要する資金を調達する際に用いられる融資であり、具体的には、①調達資金の使途がグリーンプロジェクトに限定され、②調達資金が確実に追跡管理され、③それらについて融資後のレポーティングを通じ透明性が確保された融資のことをいいます[8]。国内では、再生可能エネルギーやグリーンビルディングの開発プロジェクトを資金使途とするグリーンローンが数多く組成されています。

イ　原則・ガイドライン等

　国内で組成されるグリーンローンは、環境省 GL ガイドライン[9,10]と LMA GL 原則に即した形で組成されています。

8　環境省 GL/SLL ガイドライン 2 章 1 節 1. を参照。
9　グリーンローンに関する環境省ガイドラインは、サステナビリティ・リンク・ローンに関するガイドラインと一体のもので、両者をあわせて「環境省 GL/SLL ガイドライン」と呼んできましたが、以下では、グリーンローンに関する記述の中では「環境省 GL ガイドライン」と、サステナビリティ・リンク・ローンに関する記述の中では「環境省 SLL ガイドライン」と、それぞれ呼ぶこととします。
10　なお、LMA GL 原則は2021年 2 月にその一部が改訂されています。環境省グリーンファイナンス検討会では、LMA GL 原則の改訂内容に即して環境省 GL ガイドラインの内容も見直されるべきという流れで議論が進んでおり、2022年 4 月に環境省から同ガイドラインの改訂案が公表されました。

環境省 GL ガイドラインおよび LMA GL 原則は、グリーンボンドに関する環境省 GB ガイドラインおよび ICMA GB 原則同様、以下の 4 つの側面においてグリーンローンに期待される事項と具体的な対応方法を示しています[11]。

① 調達資金の使途
② プロジェクトの評価および選定のプロセス
③ 調達資金の管理
④ レポーティング

　環境省 GL ガイドライン 2 章において「べきである」と記載されている事項は、基本的にグリーンボンドについての環境省 GB ガイドライン 3 章において「べきである」と記載されている事項と同様ですが、ローンは貸付人と借入人の相対の取引であることから、たとえば、資金使途や調達した資金の追跡管理の方法や使用状況に関する最新情報については、貸付人に対して説明・報告すれば足ります。もっとも、借入人がグリーンローンによる調達であることを外部に表明する場合には、貸付人だけでなく一般に対しても、借入人のウェブサイトに情報を掲載する等の方法により、調達した資金の追跡管理の方法や使用状況に関する最新情報を開示すべきとされています。

　環境省 GL ガイドラインでも、グリーンローンに関するフレームワークに関する前記①から④の自らの対応について、客観的評価が「必要と判断する場合」に、外部機関によるレビュー（外部レビュー）を活用することが「望ましい」とされているのは、グリーンボンドと同様です。もっとも、グリーンローンの場合は、グリーンボンドと異なり、借入人自身による自己評価の余地（内部レビュー）が環境省 GL ガイドライン・LMA GL 原則で示されている点が特徴的です。これは、債券の場合は発行体に関して得られる情報が限定的な多数の一般投資家を割当先とすることが多いため、第三者性の担保された評価を前提とした説明を行う必要性が類型的に高いのに対して、ロー

11　これらに関して環境省 GL ガイドラインは、その期待される事項として「べきである」と記載されている事項のすべてに対応したローンは、国際的にもグリーンローンと認められ得るとの前提に立っています。

ンの場合は借入人と貸付人の相対の関係性に基づいたものであり、貸付人が
そもそも借入人とその活動について幅広い実際的な知識を既に持っていると
いう違いに由来するところではないかと考えられます。もっとも、借入人に
おける内部レビューの余地が認められているとしても、そのレビューを行う
部署の専門性が確立され、その有効性が実証されていることが必要とされて
おり、ハードルは低くはありません。実際に組成されているグリーンローン
は、外部レビューを取得しているものが圧倒的に多く、内部レビューのみに
とどまるケースは極めて限定的といえます。

ウ　実務上のポイント

㋐　「グリーン性」の認定基準

　前記イで説明したとおり、グリーンローンにより調達される資金は、グ
リーンボンド同様「明確な環境改善効果をもたらすグリーンプロジェクト」
に充当されるべきであるとされていますが、環境省 GL ガイドライン・
LMA GL 原則も「明確な環境改善効果」を判断する際の観点を特示して
おらず、具体的な資金使途の例を示すにとどまっています。この点に関連し
て、前記のとおり「グリーンウォッシュ」を防止することを目的として、欧
州においてサステナブルな経済活動を分類する基準（タクソノミー）が2020
年 7 月に施行されています（➡本章 2 (1)ウ㋐（191頁）参照）。

㋑　ローン契約のドラフティングにおける考慮

　環境省 GL ガイドライン・LMA GL 原則が示す 4 つの側面において期待さ
れる事項を、ローン契約の貸付実行の前提条件・借入人の表明保証・借入人
の誓約事項（コベナンツ）・期限の利益喪失事由等にどの程度組み込み、契約
上借入人の義務の履行を確保するのかという点については、事業会社が運転
資金を借り入れる際に利用されるコーポレートローン（シンジケート・ロー
ン）やプライベート・エクイティ・ファンドが買収資金を調達するための
LBO ファイナンスとは異なり、世界的にも国内においてもグリーンローン
を想定した確立された契約書雛型が未だ存在しないことから、マーケットス
タンダードが確立されているとはいえない状況です。もっとも、グリーン
ローンもコーポレートローンの一種ですので、実際には、通常のコーポレー

トローンで各銀行が使用している契約書を修正することで十分な場合がほとんどでしょう。

以下では、ローン契約のドラフティング上、環境省 GL ガイドライン・LMA GL 原則が示す 4 つの側面において期待される事項に関するあり得るアプローチを紹介しますが、これらのアプローチをとることが必須というわけではなく、基本的には貸付人と借入人の個別の対話を通じた多様なアプローチがあり得ます。

まず、「①調達資金の使途」との関係では、通常のコーポレートローンでもローン契約上資金使途に関する合意がなされることが通常ですので、グリーンローンのローン契約上も同様に調達資金を充当するグリーンプロジェクトを具体的に特定し、資金使途を明確に合意することになるものと思われます[12]。なお、グリーンローンの中には、ローン契約締結の段階では調達資金を充当するグリーンプロジェクトが具体的に特定されていないケースもあり得るので、そのようなケースにおいては、個々のプロジェクトのグリーン性を担保するため、「②プロジェクトの評価および選定のプロセス」（具体的なプロジェクトを評価・選定するための判断の根拠（「規準」）を含みます。）をローン契約上定めておき、当該プロセスに即したプロジェクトの選定が行われたことを貸付実行の前提条件にする等の仕組みを設けることが考えられます。

次に、「③調達資金の管理」および「④レポーティング」の関係では、調達資金の具体的な管理方法とレポーティングの項目・形式や頻度について、ローン契約上の借入人の誓約事項（コベナンツ）として明確に規定することが考えられ、さらに報告された内容についての正確性に関する表明保証を要求することが考えられます[13]。

以上を踏まえて、調達資金が資金使途としてローン契約に定められているグリーンプロジェクトに充当されなかった場合や、調達資金の管理やレポー

12　2021年に LMA らによって公表された Guidance on Green Loan Principles によれば、グリーンローンのドキュメンテーションにおいて考慮すべき事項として、資金使途の条項に適格なグリーンプロジェクトの類型を明確に定めるべきとされています。

13　Guidance on Green Loan Principles も同様の立場を示しています。

ティングが契約で合意されたとおりに行われなかった場合、または報告された内容に虚偽や不正確な点があったことが発覚した場合の取扱いについて考えてみましょう。このような事態が生じた場合は、通常は契約違反となり、期限の利益喪失事由を構成すると考えるのが自然です。もっとも、2021年にLMAらによって公表されたGuidance on Green Loan Principlesは、資金使途はグリーンローンであることを決定づける重要な要因であるため、調達資金が資金使途どおりに充当されなかった場合は、当該違反の日から当該ローンはグリーンローンとはみなされるべきではないとしているものの、かかる事態を期限の利益喪失事由とするべきかについては十分な検討が必要だという立場を示しています。もし、資金使途違反を期限の利益喪失事由として取り扱わないという場合には、その旨をローン契約上に明記するとともに、期限の利益喪失以外のペナルティ（たとえば、グリーンローンの要素を満たさなくなった旨を公表する等）を設定する場合には、その内容を具体的に定めておく必要があるでしょう。

　最後に、グリーンローンの市場はまだ発展途上であり、LMA GL原則にしても環境省GLガイドラインにしても、ローン契約締結後にその内容が改訂される可能性が否定できません。グリーンローンの融資期間が長期間にわたる場合には、グリーンローンに適用される原則・ガイドライン自体が改訂される可能性も踏まえ、そのような事態が生じた場合には、改訂後の原則・ガイドラインを踏まえたローン契約に変更することも視野に入れ、誠実に協議する旨の誠実協議条項をローン契約に設けておくことも検討に値するものと考えられます。

 サステナビリティ・リンク・ファイナンス

（1）サステナビリティ・リンク・ボンド

ア　概要

　サステナビリティ・リンク・ボンドとは、発行体が予め定めたサステナビ

リティ／ESG 目標の達成状況に応じて、財務的・構造的に変化する可能性のある債券です。発行体は、予め定めたタイムラインの中で、将来の持続可能性に関する成果の改善にコミットすることになります。なお、グリーンボンドとは異なり、サステナビリティ・リンク・ボンドによる調達資金の使途について、「グリーン性」が要求されるものではありません。

イ　原則・ガイドライン等

　前記のとおり、国内におけるサステナビリティ・リンク・ボンドに関するガイドラインは現時点では策定されておらず、策定に関する議論がなされている状況です。そのような中、国内では、サステナビリティ・リンク・ボンドは、ICMA SLB 原則に即したもの（また、一部についてはローンに係る環境省 SLL ガイドラインにも即したもの）が発行されています。

　ICMA SLB 原則は、以下の 5 つの側面においてサステナビリティ・リンク・ボンドに期待される事項を示しています。

① 　KPIs（Key Performance Indicators）の選定（Selection of KPIs）

② 　SPTs（Sustainability Performance Targets）の設定（Calibration of SPTs）

③ 　債券の特性（Bond characteristics）

④ 　レポーティング（Reporting）

⑤ 　検証（Verification）

　まず、ICMA SLB 原則では、サステナビリティ・リンク・ボンドにおける発行体のサステナビリティ目標の達成状況は、KPIs（Key Performance Indicators）を使って測定されることから、KPIs 選定の重要性がうたわれています（前記①）。KPIs には、(i)発行体のビジネス全体にとって関連があり、中核的かつ重要であり、発行体の現在および将来の事業運営にとって高い戦略的意義を有するものであること、(ii)一貫した方法論に基づく測定または定量化が可能であること、および(iii)ベンチマーキングが可能であること（外部の参考値や定義を用いて SPTs の野心性の評価が可能なものであること）が求められており、明確に定義されるべきとされています。

　次に、選定された KPIs に関連して特定される SPTs（Sustainability Performance Targets）は、発行体のサステナビリティ目標の野心度合や現実

性を表す重要な要素とされています（前記②）。SPTsは「野心的」である必要があり、それが認められるためには、KPIsに関して重大な向上（material improvement）を示す（「通常営業（Business as Usual）」の軌道を超える）こと、可能な場合にはベンチマークや外部の基準を参照すること、発行体の全体的なサステナビリティ／ESG戦略と一貫性があること、債券発行前に予め定めたタイムラインに基づくものであることといった要素を満たすべきであり、また、SPTsの設定に関する開示に際しては、目標達成までのタイムラインやKPIsの向上に関する実証済みの基準値、発行体がどうやって目標を達成しようと考えているのか、といった主要な要素について、明示的に言及すべきとされています。

債券の特性（前記③）としては、選択されたSPTsが達成されるか否かによって債券の財務的・構造的特性が変化する（たとえば、SPTsが達成されなければ金利が上昇する）ものであることが示されています。また、SPTsが測定不可能、または達成状況が十分に確認できない場合の代替方法についても説明すべきであるとされています。

最後に、レポーティング（前記④）および検証（前記⑤）に関しては、発行体は、少なくとも年1回、KPIsのパフォーマンスについての最新情報等を公表すべきとされており（レポーティング）、かつ、SPTsの達成状況に関する独立した第三者による外部評価を取得しなければならない（検証）とされています。

なお、ICMA SLB原則は、当該債券の発行が前記①から⑤に適合していることについて、外部意見を取得することを推奨しており、実際に、国内で発行されているサステナビリティ・リンク・ボンドの多くは格付機関等から外部レビューを取得し、その内容を公表しています。

ウ　実務上のポイント

㋐　債券の特性

現在、国内で発行されているサステナビリティ・リンク・ボンドの特性としては、① SPTs不達成の場合に金利が上昇するもの（クーポンステップアップ。発行体にとってはコスト増になるので達成のインセンティブが働く。）、②

KPI（Key Performance Indicator）と SPT（Sustainability Performance Target）は、サステナビリティ・リンク・ファイナンスにとっていずれも重要なコンセプトです。KPI は、発行体または借入人のサステナビリティ目標の達成状況を測定するのに適切なものが選定される必要があります。LMA　SLL 原則は、KPI の例として、GHG 排出量、エネルギー効率、再生可能エネルギーの生成・使用量等を挙げています。そして、SPT は、選定された KPI ごとに個別に設定される具体的な目標値を意味します。

2021年改訂前の LMA SLL 原則と、これをベースに策定された環境省 SLL ガイドラインでは、KPI の位置づけが不明確でしたが、LMA　SLL 原則の2021年改訂により、KPI および SPT のコンセプトが整理され、明確化されました。特に、ICMA SLB 原則と同様に、SPT の設定の前提として KPI の選定が重要であること、そして KPI の選定にあたって要求される事項が明記された意義は、サステナビリティ・リンク・ローンの信頼性を高める上で大きな意義を有するものと考えられます。

SPTs の達成可否の判断のタイミングで金利がステップアップする条項とともに、SPTs を達成した場合には、発行体が期限前償還できる条項を置くもの[14]、③ SPTs 不達成の場合にサステナビリティ関連の団体等に対して寄付を行う旨をコミットするもの、④ SPTs 不達成の場合に排出権（➡第 2 章 2 （35頁）参照）を購入する旨をコミットするもの等があります。

　ICMA SLB 原則において認められている特性は以上のものに限られるわけではなく、今後も、新たな仕組みが登場することが想定されます。債券の

14　発行体にとっては早期の償還権が得られるという選択肢が増えるので達成のインセンティブが働くこと、また、満期償還を前提とした場合に本来支払うべき金利分が上乗せされる設計にすれば、①に比べ、不達成の場合に投資家が収益を得てしまうという構造上の問題への手当ができること等が意図されています。

財務的・構造的特性の変化の内容を検討するにあたっては、(i)それが法的に可能かというポイントと、(ii)投資家から受け入れられるかというポイントがあります。まず、(i)法的に可能かというポイントについては、たとえば外国企業等が発行するサステナビリティ・リンク・ボンドにおいて新規性のある仕組みが登場した場合に、それを日本の企業が等しく導入できるかは、それを社債の内容として取り込む場合には、会社法上の規定やその他の適用ある法令に基づき問題がないことを慎重に検討することが必要です。社債の条項は法的な柔軟性が比較的高いものの、たとえば新株予約権付社債を使う場合には、新株予約権について、会社法等のほか商業登記実務上の問題がないか（新株予約権に係る一定の内容は登記事項であるため）といった論点もあります。次に、(ii)投資家から受け入れられるかというポイントも重要です。非常に複雑な仕組み債を発行する場合には投資家の投資判断のハードルが上がるほか、個人投資家向けのリテール債として発行しようとする場合にそれが適切か（個人投資家が適切に投資判断できるか）という課題や、債券のインデックスに入るかという課題も検討が必要となります。また、たとえば寄付型の場合に、寄付先の活動実態やサステナビリティへの影響度について不確かな側面が懸念されるという意見があるように、債券の財務的・構造的特性の変化の透明性をいかに確保できるかという点も、投資家の受入れのポイントといえるでしょう。

(イ) **国内におけるサステナビリティ・リンク・ボンドガイドラインの策定動向**

　　現在、環境省グリーンファイナンス検討会では、サステナビリティ・リンク・ボンドに関してガイドラインを策定すべきではないかという方向の議論がなされており、2022年4月に環境省からその案が公表されました。同検討会では、ICMA SLB原則、LMA SLL原則、環境省SLLガイドラインの内容・改訂状況や、国内外の発行事例等を踏まえた検討がなされており、今後の動向に留意が必要です。

（2） サステナビリティ・リンク・ローン

ア 概要

サステナビリティ・リンク・ローンとは、借入人が SPTs を達成すること
を奨励するローンです。具体的には、環境省 SLL ガイドラインにおいて、
①借入人の包括的な社会的責任に係る戦略で掲げられたサステナビリティ目
標と SPTs との関係が整理され、②適切な SPTs を事前に設定してサステナ
ビリティの改善度合を測定し、③それらに関する融資後のレポーティングを
通じ透明性が確保されたローンのことをいうと説明されています[15]。国内で
は、CO_2 や GHG の排出量の削減目標を SPTs とするなど、ESG の E（環境）
の要素に着目したサステナビリティ・リンク・ローンが数多く組成されてい
ます。

イ 原則・ガイドライン等

国内で組成されるサステナビリティ・リンク・ローンは、環境省 SLL ガ
イドラインと LMA SLL 原則に即した形で組成されています。LMA SLL 原則
は2021年に改訂されていますが、環境省 SLL ガイドラインは当該改訂の内
容を反映したものにはなっていないことから、環境省グリーンファイナンス
検討会での議論を経て、2022年4月に環境省から同ガイドラインの改訂案が
公表されました。なお、2021年改訂後の LMA SLL 原則の内容は基本的に
ICMA SLB 原則と同様です[16]（➡本章3⑴イ（197頁）参照）。

LMA SLL 原則の5つの側面のうち、SPTs の達成状況に関する外部検証の
取得が義務化された点は、LMA SLL 原則の2021年改訂の重要なポイントで
あり、今後のサステナビリティ・リンク・ローンの実務に与える影響は大き
いものと考えられます。

15　環境省 GL/SLL 原則3章1節1.を参照。
16　「③ローンの特性」は ICMA SLB 原則では「③債券の特性」となっています。また、
　　レポーティングは、債券の場合は一般投資家向けに行われるのに対し、ローンの場合は
　　貸付人向けに行われることになります。

㋐ KPIs の選定と SPTs の設定

2021年改訂前の LMA SLL 原則および環境省 SLL ガイドラインは、KPIs と SPTs を明確に区別していませんでしたが、改訂後の LMA SLL 原則はこれらを明確に区別した上で、KPIs の選定に際して充足すべき要件を明示しました。また、SPTs の「野心性」についても説明が追加され、一定の指針が示されることになりました。2021年の LMA SLL 原則改訂後に組成されているサステナビリティ・リンク・ローンに関する組成前の外部レビューにおいては、これらの要件や指針を意識した評価が行われていますので、KPIs の選定と SPTs の設定に際しては、これらの要件や指針を満たすと説明し得るものであるかを十分に検証する必要があります。

㋑ ローンの特性

サステナビリティ・リンク・ローンの特性は、選択された SPTs が達成されるか否かによってローンの経済条件が変動する点にありますが、ローンの経済条件の変動の仕組みには幾つかのバリエーションがあります。比較的多く見られるのは、SPTs の達成時には金利を引き下げるという仕組みですが、これに加え、SPTs が達成されない場合に金利を引き上げるという仕組みも見られます。SPTs が達成されない場合に金利を引き上げるという仕組みは、借入人のサステナビリティ目標の不達成により金融機関が収益を得るという結果になることから、諸外国では、引き上げられた金利相当額をサステナビリティ関連活動を行う団体に寄付することを義務づけたり、自社のサステナビリティプロジェクトのために使うことを義務づけたりといった仕組みを組み合わせることもあります。

㋒ 組成前の外部レビューと組成後の外部検証

サステナビリティ・リンク・ローン組成前に KPIs の選定や SPTs の設定の適切性について外部レビューを受け、それを貸付実行の前提条件とすることは、LMA SLL 原則において推奨されているものの、義務づけられているものではありません（もっとも、国内で組成されたサステナビリティ・リンク・ローンの多くは、組成前に外部レビューを取得し、その内容が公表されています。）。

これに加え、2021年改訂後のLMA SLL原則では、サステナビリティ・リンク・ローン組成後のSPTsの達成状況に関して、年1回以上の独立した外部機関による検証が必須とされることになり、また、当該検証結果を公表することが望ましいとされることになりました。当該検証を行う外部機関としてどのような機関が適切かについては、選定されたKPIsによって異なり得るところではありますが、基本的には、組成前の外部レビューを行っている格付機関やコンサルタント等が組成後の検証の役割を担うことになるものと思われます。

(エ) ローン契約のドラフティングにおける考慮

LMA SLL原則において期待される事項を、ローン契約にどの程度組み込むのかという点については、グリーンローンと同様に、マーケットスタンダードが確立されているとはいえない状況です。もっとも、サステナビリティ・リンク・ローンも、グリーンローンと同様にコーポレートローンの一種ですので、実際には、通常のコーポレートローンで各銀行が使用している契約書を修正することで十分な場合がほとんどでしょう。

以下では、グリーンローンに倣い、サステナビリティ・リンク・ローンに関してもローン契約上のあり得るアプローチを紹介しますが、これらのアプローチをとることが必須というわけではなく、基本的には貸付人と借入人の個別の対話を通じた多様なアプローチがあり得ます。

まず、LMA SLL原則においてサステナビリティ・リンク・ローンに期待される事項（その内容は、前記3⑴イ記載のサステナビリティ・リンク・ボンドと同様です。）のうち、「① KPIsの選定」および「② SPTsの設定」の関係では、これらに関する外部レビューの実施を貸付実行の前提条件にする等の仕組みを設けることが考えられます。

次に、「③ローンの特性」（サステナビリティ・リンク・ボンドの「③債券の特性」に相当します。）の関係では、SPTsの達成・不達成と経済条件の変動のメカニズムを明確に定めることが重要です。特に、複数のSPTsを設定し、複雑な経済条件の変動のメカニズムを設ける場合には、注意深くドラフティングする必要があります。

「④レポーティング」と「⑤検証」に関しては、レポーティングの項目・形式や頻度および検証を委託する外部機関と検証結果の貸付人への報告の形式や期限について、ローン契約上の借入人の誓約事項（コベナンツ）として明確に規定することが考えられ、さらに報告された内容についての正確性に関する表明保証を要求することが考えられます。

　レポーティングが契約で合意されたとおりに行われなかった場合または報告された内容に虚偽や不正確な点があったことが発覚した場合の取扱いについては、通常は契約違反となり、期限の利益喪失事由を構成すると考えるのが自然ですが、サステナビリティ・リンク・ローンが SPTs の達成・不達成と経済条件を連動させることをその特性とするローンであることを踏まえると、期限の利益喪失事由とするかどうかについては検討の余地があると思われ、たとえば、義務違反時には、（既に SPTs を達成して金利が引き下げられている場合には）引き下げられた金利を元の水準に戻すといったペナルティを課すことで足りると判断するケースも十分あり得るのではないかと思われます。

　最後に、グリーンローン同様、サステナビリティ・リンク・ローンの市場はまだ発展途上であり、LMA SLL 原則などの原則・ガイドラインも、ローン契約締結後貸付期間中にその内容が改訂される可能性が否定できません。このため、融資期間が長期間にわたる場合には、サステナビリティ・リンク・ローンに適用される原則・ガイドライン自体が改訂される可能性も踏まえ、そのような事態が生じた場合には、改訂後の原則・ガイドラインを踏まえたローン契約に変更することも視野に入れ、誠実に協議する旨の誠実協議条項をローン契約に設けておくことも検討に値するものと考えられます。

4 トランジション・ファイナンス

（1）概要

　トランジション・ファイナンスとは、国内 CTF 基本指針では、「気候変

動への対策を検討している企業が、脱炭素社会の実現に向けて、長期的な戦略に則った温室効果ガス削減の取組を行っている場合にその取組を支援することを目的とした金融手法」と定義されています。グリーンファイナンスおよびサステナビリティ・リンク・ファイナンスと同様に、トランジション・ファイナンスも債券の形式とローンの形式で組成されるものがあります。

トランジション・ファイナンスは、GHG の排出削減が困難なセクターにおける省エネ等の着実な低炭素化に向けた取組みや、脱炭素化に向けた長期的な研究開発等のトランジションに資する取組みへの資金供給を促進することをその目標に掲げており、本書執筆時現在、海運・空運・鉄鋼・化学のセクターでの活用事例が出てきています。

（2）原則・ガイドライン等

国内で組成されるトランジション・ファイナンスは、国内 CTF 基本指針および ICMA CTF ハンドブックに即した形で組成されています。また、図表 6‐6 が示すように、トランジション・ファイナンスの一部は、グリーン

図表 6‐6：トランジション・ファイナンスの概念

トランジション・ファイナンス｜概念	「トランジション」ラベルの対象

資金使途特定

トランジション・ボンド／ローン ❸ グリーンボンド／ローン ❶

資金使途不特定

❷ サステナビリティ・リンク・ボンド／ローン（SLB／L）

① トランジションの4要素を満たし、資金使途を特定したボンド／ローン（資金使途がグリーンプロジェクトには当たらないが、プロセス等は既存の原則、ガイドラインに従う）

② トランジションの4要素を満たし、トランジション戦略に沿った目標設定を行い、その達成に応じて借入条件等が変動する資金使途不特定のボンド／ローン（プロセス等は既存の原則、ガイドラインに従う）

③ トランジションの4要素を満たし、既存のグリーンボンド原則、グリーンボンドガイドラインに沿ったもの（資金使途がグリーンプロジェクトに当たるもの）

出典：国内 CTF 基本指針をもとに筆者ら作成

ファイナンスまたはサステナビリティ・リンク・ファイナンスの性質を有することから、国内 CTF 基本指針は、資金使途を特定したトランジション・ファイナンスの場合は、グリーンボンド／ローンに関する原則・ガイドライン等が示す要素（ただし、資金使途がグリーンプロジェクトに該当しない場合は、それ以外の要素を充足すれば足りるとされています。）を、資金使途を特定しない場合は、サステナビリティ・リンク・ボンド／ローンに関する原則・ガイドライン等が示す要素を、それぞれ満たすことが必要になるとしています[17]。

国内 CTF 基本指針・ICMA CTF ハンドブックは、情報開示に関する以下の 4 つの側面においてトランジション・ファイナンスに期待される事項と具体的な対応方法を示しており、これらに関して国内 CTF 基本指針は、その 3 章において「べきである」と表記された項目は、トランジションと称する金融商品が備えることを期待する基本的な事項であるとしています。

① 資金調達者のクライメート・トランジション戦略とガバナンス

② ビジネスモデルにおける環境面のマテリアリティ

③ 科学的根拠のあるクライメート・トランジション戦略

④ 実施の透明性

国内 CTF 基本指針 3 章において「べきである」と記載されている事項の例としては、まず、前記 4 要素①および③に関連して、トランジション戦略はパリ協定の目標に整合した長期目標、短中期目標、脱炭素化に向けた開示、戦略的な計画を組み込み、また、国際的に広く認知された気候変動関連のシナリオや業種別のロードマップ等[18]を参照すべきとされています。そして、トランジション戦略は、科学的根拠のある目標に基づくべきであり、そこでいう目標は、長期間、一貫性のある測定方法で定量的に測定可能であること

---

17 ただし、国内 CTF 基本指針は、図表 6 - 6 の①～③に該当しない（すなわち、「グリーン」または「サステナビリティ・リンク」の各原則・ガイドライン等の適用がない）類型についても、トランジション要素を満たす金融商品はトランジション・ファイナンスとなり得るとの立場を示していますので、トランジション・ファイナンスは広がりを持った概念であるといえます。

18 国内でも、2020年に国土交通省が国際海運のゼロエミッションに向けたロードマップを策定・公表したのを初めとして、国土交通省、経済産業省、資源エネルギー庁が所管業種の多排出産業向けのロードマップを順次策定・公表しています。

が要請されています[19]。また、トランジション戦略の実効性を担保するため、資金調達者は、取締役会等による気候変動対応の監視、および取組みを評価・管理するための組織体制を構築すべきであるとされています。さらに、トランジション戦略は、統合報告書やサステナビリティレポート等の資料によって事前に開示（ウェブサイトでの開示を含みます。）すべきともされています。

　次に、前記②としては、トランジション戦略の実現において対象となる取組みが、現在および将来において環境面で重要となる中核的な事業活動の変革に資する取組みであるべきであり、資金調達者は、気候変動が自社の事業活動において環境面で重要となることを示すべきとされています。

　最後に、前記④としては、資金調達者がトランジション戦略を実行するにあたり、基本的な投資計画についての透明性を確保することが求められています。ここでいう透明性は、基本的には開示を通じて確保されることが想定されています。国内 CTF 基本指針は、伝統的にローンは借入人と貸付人の相対関係に基づく取引である等の商慣行の違いはあるものの、トランジション・ファイナンスにおいて透明性や信頼性を担保するためには、ローンであっても可能な限り投資計画に関する情報を開示することが望ましいとしています。

（3）実務上のポイント

　トランジション・ファイナンスは、グリーンファイナンスおよびサステナビリティ・リンク・ファイナンスと比較しても新しく、本書執筆時現在、国内の事例もまだ10に満たない状況です。

　また、前記(2)で説明したとおり、トランジション・ファイナンスは、基本的にグリーンファイナンスまたはサステナビリティ・リンク・ファイナンスに適用のある原則・ガイドライン等の適用がありますので、これらについて

19　排出量の削減に関して、スコープ3については、資金調達者のビジネスモデルにおいて重要な削減対象と考えられる場合において、実践可能な計算方法で目標設定されることが望ましいとされています。

述べた（➡本章 2（189頁）および 3（196頁）参照）実務上のポイントが基本的に妥当するところです。

　そして、国内 CTF 基本指針および ICMA CTF ハンドブックで要請されているトランジションの 4 つの開示要素は、既述（➡第 5 章（163頁）参照）の気候変動開示と非常に多くの部分が共通します。気候変動対応に関する企業情報開示の充実化が進んでいくと、トランジション・ファイナンスへの取組みも行いやすくなるといえるでしょう。換言すると、両者の整合性に留意する必要があり、たとえば、トランジション・ファイナンスとして社債を公募する際に提出する有価証券届出書や発行登録書（訂正発行登録書や発行登録追補書類も含みます。）におけるトランジション関連の開示の内容と、有価証券報告書における気候変動開示の内容とが整合しているかといった点が実務的にはポイントになると思われます。

事項索引

カーボンニュートラル法務

2022年9月30日　第1刷発行

編　者	長島・大野・常松法律事務所
	カーボンニュートラル・プラクティスチーム
執筆者	三上二郎／本田　圭／藤本祐太郎／服部紘実
	宮下優一／渡邉啓久／宮城栄司／下田真依子
発行者	加藤一浩
印刷所	株式会社日本制作センター

〒160-8520　東京都新宿区南元町19

発　行　所	一般社団法人 金融財政事情研究会
企画・制作・販売	株式会社きんざい
編　集　部	TEL 03(3355)1758　FAX 03(3355)3763
販売受付	TEL 03(3358)2891　FAX 03(3358)0037
	URL https://www.kinzai.jp/

ISBN978-4-322-14199-3